室内装饰精品课系列教材

家具
与室内装饰材料

杨 煜 / 主编

化学工业出版社
·北京·

内容简介

本书涵盖了木材、金属、塑料等家具材料，及墙面、地面、顶面等室内装饰材料的性能特点、加工工艺、环保性等，旨在帮助读者系统并全面地了解家具与装饰材料的种类、特性、用途等，并在实际设计和应用中做出合理选择和运用。本书采用活页的装帧形式，在使用上更为便捷，既可及时更新，以反映行业前沿动态和技术，又可实现教学内容的任意组合与调整。

本书适合高等院校家具设计、室内设计等专业的教师、学生，以及家具与室内装饰行业人员、家具制造企业人员和家居装饰爱好者等阅读。

图书在版编目（CIP）数据

家具与室内装饰材料/杨煜主编 . -- 北京：化学工业出版社，2024.12. -- ISBN 978-7-122-46994-6

Ⅰ．TS664.02；TU56

中国国家版本馆CIP数据核字第2024Z89C47号

责任编辑：毕小山　　　　　　　文字编辑：冯国庆
责任校对：宋　玮　　　　　　　装帧设计：刘丽华

出版发行：化学工业出版社
　　　　　（北京市东城区青年湖南街 13 号　邮政编码 100011）
印　　装：中煤（北京）印务有限公司
787mm×1092mm　1/16　印张 15¾　字数 331 千字
2025 年 4 月北京第 1 版第 1 次印刷

购书咨询：010-64518888　　　　售后服务：010-64518899
网　　址：http://www.cip.com.cn

凡购买本书，如有缺损质量问题，本社销售中心负责调换。

定　　价：78.00 元　　　　　　　版权所有　违者必究

编写人员名单

主　编　杨　煜（辽宁生态工程职业学院）

副主编　赵东洋（辽宁生态工程职业学院）

参　编　王晓光（辽宁生态工程职业学院）

　　　　杨　雪（辽宁生态工程职业学院）

　　　　田　霄（辽宁生态工程职业学院）

　　　　夏兴华（台州学院）

　　　　孙克亮（江西环境工程职业学院）

　　　　高　健（辽宁三峰木业有限公司）

前言

本书的编写紧密围绕党的二十大指导思想和总体要求，牢固树立和践行"绿水青山就是金山银山"的理念，站在人与自然和谐共生的高度谋划发展。本书旨在积极探索绿色、环保、可持续的材料选择与应用，减少对自然资源的过度消耗，降低生产和使用过程中的能源消耗与环境污染，为构建美丽中国、推动绿色发展贡献力量。此外，本书深入挖掘了中华优秀传统文化的内涵，有机融合了传统工艺和文化元素，以使家具与室内装饰专业、行业成为传承和弘扬中华文化的重要载体，推进文化自信自强。

本书内容紧密结合了家具与室内装饰领域的前沿内容，文字简洁，通俗易懂，图片少而精，学时分配得当，篇幅限定合理，积极响应本学科的教学要求，符合学生的学习规律。本书注重理论与实践的结合，强化培养学生的实践能力和创新能力。通过丰富多样的教学内容和形式，来激发学生的学习兴趣和动力，提升学生的综合素质和职业素养，为学生未来职业发展奠定坚实基础。

与传统书本教材不同，本书采用了活页的形式，在使用上更为便捷，可实现教学内容任意组合与调整。每一个独立的教学单元均以企业真实场景为依托，设定了与岗位对应的项目模块，并通过设计单个学习任务及多个专业技术知识点，来展现行业的新态势和新技术，同时还创建了在线教学资源库，加入了课程思政元素，以此来帮助学生有效提升技术应用能力。本书适合家具设计与制造、室内设计、数控技术等相关专业的教学使用，也可作为相关企业专业技术人员的培训资料。

此外，本书还设置了拓展学习模块，学生可根据自身的经历、喜好、目标等进行拓展学习，充分体现学生主体地位，拓宽学生的学习领域。师生可通过线上线下交流的方式来完成问题答疑、信息互换，在实施因材施教的同时有效促进教师的专业发展，实现教学相长。拓展学习模块涵盖中华民族传统文化瑰宝、诗词小故事、个性家具、古典灯光与配饰、新型家具与室内装饰材料的种类和发展趋势、室内施工指导等多个学习方向。学生可通过参考书籍、期刊论文、精品在线开放课程、国家教学资源库、中国大学生慕课、学堂、社会实践等渠道进行自主或团队拓展学习，摆脱传统教材作业式布置的束缚，充分发挥学生的创新精神与团结协作意识，有效达成生生交流、师生交流的良好学习氛围。

最后，感谢所有参与本书编写和审定的专家及同仁们，他们的辛勤付出和专业精神为本书的顺利出版提供了有力保障。由于编者水平有限，不足之处在所难免，期待广大师生在使用过程中提出宝贵意见并进行批评指正，以便不断完善和提高本书质量，为行业人才培养事业做出更大的贡献。

编　者

2024 年 7 月

家具
与室内
装饰
材料

木质家具材料

木质家具分为传统实木家具、板式家具和现代实木家具。传统实木家具是以纯实木，即所使用的材料都是未经再次加工的天然材料，经锯切、刨光、开榫、雕刻、打磨等工序所制作成的家具产品，连接方式为榫卯结构，不掺杂任何金属连接件或任何起到胶合作用的物质，且表面不经任何涂饰，完美体现天然木质材料的色彩和肌理，如黄花梨家具、鸡翅木家具、乌木家具等。

然而，天然实木材料的过度使用，导致其数量急剧减少，再加上传统榫卯手艺的传承问题，传统实木家具的质量有待商榷，价格更是难以企及，不能满足大众的需求。鉴于此，板式家具和现代实木家具应运而生。

板式家具是以胶合板、刨花板等人造板材为基材，以五金配件为连接件组合而成的家具。板式家具既保留了天然木材的基本特点，又克服了木材固有的天然缺陷，极大程度地缓解了木材资源的压力。

现代实木家具是以纯实木或再生实木（集成材、实木多层板等）为原材料，经锯切、刨光、开榫、雕刻、打磨等工序所制作成的家具产品，多采用榫卯结构与五金配件相配合的方式进行连接，表面常做涂饰处理，以达到全封闭、半封闭、全开放等装饰效果，如柞木家具、榆木家具、水曲柳家具、红松家具、樟子松家具、集成材家具等。

任务一

实木家具材料

> **任务布置**

　　张女士需要定制一款实木餐桌，综合考虑产品造价、外观美感、质感优劣等方面，最终制定合适的方案，完成任务。

> **任务目标**

　　知识目标：

　　① 了解木材的构造和分类；

　　② 掌握木材宏观特征的识别技巧；

　　③ 了解木材的理化性质。

　　能力目标：能够根据木材的性质和特点进行合理选用。

　　素质目标：培养学生树立科学的世界观和方法论。

任务指导

　　实木家具之所以为人们所喜爱，主要在于实木家具的天然、环保等特点，如图 1-1-1 所示。实木家具所用木材的材质轻、强度高，具有较佳的弹性、韧性、耐冲击性和抗震性能，易于加工和表面涂饰，对电、热和声音有较高的绝缘特性，尤其是木材的自然纹理、柔和的视觉和触觉效果，更是其他材料所无法企及的。

图 1-1-1　实木家具

一、木材的形成与分类

1. 木材的形成

木材的形成与树木的生长过程密切相关。树木的生长是指树木在同化外界物质的过程中，通过细胞分裂和扩大，使树木的体积和重量产生不可逆的增加。树木由树根、树冠和树干组成，具体如下所示。

（1）树根

树木的地下部分，占总体积的 5% ～ 25%。树根的功能是确保树木正常生长，吸收水分和矿物质，供树冠叶片进行光合作用。

（2）树冠

树木的最顶端部分，由树枝、树叶等组成，占总体积的 5% ～ 25%。树冠的功能是将树根吸收的养分输送到树叶中，再与树叶吸收的二氧化碳通过光合作用生成碳水化合物，供养树木生长。

（3）树干

树冠与树根之间的部分，是树木的主体，占总体积的 50% ～ 90%。树干的功能是将树根吸收的养分运送到树叶，再将树叶制成的养料沿韧皮部输送到树木的各个部分，并储存在树干中。

树干是树木的主体部分，又是木材加工利用的核心部分。树干由树皮、形成层、木质部和髓四个部分构成，如图 1-1-2 所示。

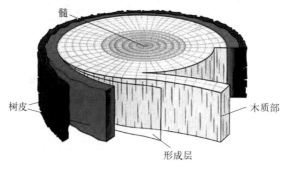

图 1-1-2　树干的构造

① 树皮。树皮是包裹在树干、树枝、树根的次生木质部。外侧的全部组织随木质部的直径生长，外皮逐渐破裂而剥落。剥落方式因树种而异，如桦木呈薄纸状剥落，柳杉、扁柏等呈带状剥落。

② 形成层。形成层位于树皮和木质部之间，是包裹着整个树干、树枝和树根部分的连续鞘状层，又称侧向分生组织，在生长季节向内分生新的木质部细胞，分生功能在于树干直径增大。

③ 木质部。木质部位于形成层和髓之间，是树干的主体部分。根据细胞的来源，木质部分为初生木质部和次生木质部。初生木质部起源于顶端分生组织，常与树干的髓紧密连接。初生木质部组织很窄，围绕在髓的周围；次生木质部来源于形成层的逐年分裂，组织较宽，是木材的主体，也是木材加工利用的主要部分。

④ 髓。髓位于树干的中心部位，为木质部所包围的柔软薄壁组织。因环境因子、树种的不同，髓有时并不完全处于树干中心位置，其颜色、大小、形状和质地也有一定差异，多呈褐色或浅褐色的圆形或椭圆形，但也有一些特殊形状，如毛白杨呈五角形，杜鹃呈八角形。这一区别可作为木材识别的宏观构造特征。髓的组织松软、强度低、易开裂，对于一般用途的木材，在非重要部位可保留髓，但对于某些具有严格要求的特殊用材，如航空用材，则被视为缺陷，必须剔除。

2. 木材的分类

一般情况下，木材可按照树种和应用进行分类。

（1）按照树种分类

按照树木的外观形态、材质特点、纹理特征等，将木材分为针叶材和阔叶材，如表 1-1-1 所示。

表 1-1-1　针叶材和阔叶材

种类	特点	用途	树种	图片展示
针叶材	裸子植物，树干高大通直，多为常绿树，树叶细长，呈针状，纹理通直，材质较软且均匀，强度较大，密度较小，胀缩变形较小，耐腐蚀性较强	主要的建筑及装饰用材，常作为建筑工程中承重构件和门窗等用材，如吊顶、隔墙龙骨、格栅材料、承重构件、室内界面装修和家具制作等	红松、白松、马尾松、云南松、水松、冷杉、铁杉、红豆杉、银杏、柏等	
阔叶材	被子植物中的双子叶植物，树干通直部分一般较短，树叶宽大，叶脉呈网状，多为落叶树，密度大，强度高，胀缩变形大，易开裂，纹理和色彩变化丰富	常用作内部装饰、次要的承重构件和胶合板等	白桦、榆树、柞木、水曲柳、樱桃木、槭木、栎木、核桃楸、水青冈、桦木和柚木等	

（2）按照应用分类

按照木材供应或应用的不同，将木材分为原木和锯材，如表 1-1-2 所示。

表 1-1-2　原木和锯材

种类	概念	分类	用途	图片展示
原木	沿原条①长度按尺寸、形状、质量、标准以及材种计划等截成一定规格的木段	直接使用原木和加工原木	直接使用原木——用于屋架、檩、椽、木桩、坑木　加工原木——用于加工锯材、胶合板等	
锯材	原木经锯机纵向或横向锯解加工（按一定的规格和质量要求）所得到的板材和方材	板材和方材	家具、门窗、地板等木质产品加工	

①"原条"泛指带有枝条的树干。

此外，锯材按照断面的形状不同分为板材和方材，如表 1-1-3 所示。针、阔叶锯材的种类、尺寸、材质要求及分等可参照国家标准《锯材检验》（GB/T 4822—2023）、《针叶树锯材》（GB/T 153—2019）、《阔叶树锯材》（GB/T 4817—2019）和行业标准《毛边锯材》（LY/

T 1352—2012）的规定。

表 1-1-3　板材和方材

种类	概念	分类	图片展示
板材	宽度为厚度的 2 倍或 2 倍以上	薄板：厚度 < 22mm	
		中板：厚度为 22 ～ 35mm	
		厚板：厚度为 36 ～ 60mm	
		特厚板：厚度 > 60mm	
方材	宽度不足厚度的 2 倍	小方：宽、厚乘积 < 55cm^2	
		中方：宽、厚乘积为 55 ～ 100cm^2	
		大方：宽、厚乘积为 101 ～ 225cm^2	
		特大方：宽、厚乘积 > 226cm^2	

　　在分类中，除按照断面形状将木材分为板材和方材之外，按照宽面与断面弧线切线之间夹角的不同还可将木材分为径切板和弦切板，如表 1-1-4 所示。正确区分径切板和弦切板有助于根据家具部件的不同选用板材，更有利于未知树种相关参数的初测，如干缩系数、干缩率、密度等。

表 1-1-4　径切板和弦切板

种类	概念	特点	图片展示
径切板	板材宽面与生长轮之间夹角为 45°～ 90°	纹理直，稳定性比较好，可作为结构材	
弦切板	板材宽面与生长轮之间夹角为 0°～ 45°	纹理较错乱，稳定性较差，变形差异较大，多用于装饰面板	

二、木材的宏观特征

　　木材的宏观特征是指肉眼或借助 10 倍放大镜所能看到的木材构造，包括生长轮、早材和晚材、边材和心材、树脂道、管孔、轴向薄壁组织、木射线等。木材的宏观特征比较稳定，且具有一定的规律性，是识别树种的主要依据。掌握木材识别的技巧，对木材检验、鉴定与识别及木材合理加工利用均有着重要意义。

1. 木材的三切面

木材的构造不均且从不同的角度会观察到不同的特征，为充分观察和认识木材的宏观特征，必须从三个典型切面进行观察，如图 1-1-3 所示，分别是横切面、径切面和弦切面。

（1）横切面

横切面是指与树干纵轴或木纹方向相垂直的切面，又可称为端面或横截面，是识别木材最重要的切面。在横切面上，能清楚地观察到生长轮、木射线、管孔、心材和边材、早材和晚材等的分布及木材细胞组织间的联系，如生长轮呈同心圆环状，木射线呈辐射线状。横切面的硬度较大，常应用于榫卯结构。

（2）径切面

径切面是指顺着树干纵轴方向或木纹方向，通过髓心与木射线平行或与生长轮相垂直的纵切面。在径切面上，可以观察到相互平行的生长轮线、导管纹理、木射线、边材和心材的颜色等。

（3）弦切面

弦切面是指顺着树干纵轴方向，不通过髓心与木射线垂直或与生长轮相平行的纵切面。在弦切面上，生长轮呈抛物线状、"V"形花纹或倒山峰形花纹。

2. 木材的主要宏观特征

（1）心材和边材

在木质部中，靠近树皮、颜色较浅、水分较多的木质部称为边材；靠近髓心、颜色较深、水分较少的木质部称为心材。心材的细胞已死亡，且随着树木不断生长，心材逐渐变宽，颜色逐渐变深，如图 1-1-4 所示。

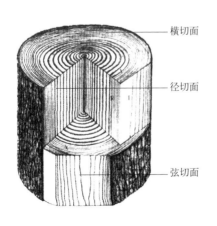

图 1-1-3　木材三切面

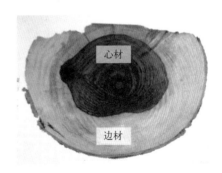

图 1-1-4　心材和边材

根据心材和边材的颜色，树干中心和边材的含水率，将木材分为心材树种、边材树种和隐心材树种，如表 1-1-5 所示。

表 1-1-5　心材树种、边材树种和隐心材树种

种类	概念	树种
心材树种（显心材树种）	心材和边材颜色区别明显的树种	落叶松、紫杉、水曲柳、栎木、榉木等
边材树种	心材和边材颜色区别不明显的树种	桦木、椴木、杨木等
隐心材树种	心材和边材颜色区别不明显，心材含水率较低	云杉、冷杉、水青冈等

（2）生长轮

在树木的生长过程中，伴随着形成层的活动，在一个生长周期中所形成的木材（次生木质部），在横切面上呈现围绕着髓心构成的一个完整的轮状结构（同心圆），称为生长轮或生长层。在温带和寒带地区，树木的生长周期在一年中仅有一次，形成层在一年中仅向内生长一层木材，此时的生长轮可称为年轮。但在热带地区，树木的生长与雨季和旱季的交替相关，树木在四季中几乎不断生长，所以一年之间可能形成几个生长轮。实质上年轮也就是生长轮，但生长轮不能等同于年轮。

此外，树木在生长过程中，可能受到菌虫危害，以及火灾、霜冻或干旱等气候突变的影响，导致生长暂时中断，如果影响不严重，树木便可短时间内恢复生长，致使同一生长周期内形成两个或多个生长轮，此时的生长轮称为假年轮或伪年轮。假年轮的界限并不明显，多呈不规则的圆状，如马尾松、杉木和柏木等。

在不同的切面上，生长轮会呈现出不同的形状，以木材的三切面为例，如图 1-1-5 所示。在横切面上，多数树种的生长轮呈同心圆状，如杉木、红松等；少数树种的生长轮呈不规则的波浪状，如红豆杉、榆木等。生长轮在径切面上表现为平行的线条，在弦切面上则呈"V"形或抛物线形的花纹。

图 1-1-5　木材生长轮

因树种、气候、土壤、光照等条件的不同，年轮的宽窄有着明显的差异。一般而言，越靠近树根位置，年轮越窄；越靠近树皮位置，年轮越窄，反之越宽。年轮的宽窄除与木材的强度、装饰美感相关之外，还能展现树木的生长史、气候的变迁，传递着沧桑岁月、万物生长、生命轮回的重要信息。

(3) 早材和晚材

在同一个年轮内，靠近髓心一侧，树木在每年生长季节早期形成的一部分木材称为早材；而靠近树皮一侧，树木每年生长季节晚期形成的一部分木材称为晚材。

图 1-1-6　早材和晚材

生长在温带、寒带和亚热带的树木，春季雨水多、气温高，水分和养分较充足，细胞分裂速度快、细胞壁薄，形体大，材质疏松，颜色浅，即早材的特征。而在温带、寒带的秋季和亚热带的秋季，雨水少，树木营养物质流动缓慢，细胞活动逐渐减弱，细胞分裂速度缓慢，而后逐渐停止，形成的细胞腔小而壁厚，木材组织致密，材质硬，材色深，即晚材的特征，如图 1-1-6 所示。

由于早材和晚材的颜色与结构存在差异，两者交界处往往会形成清晰或不清晰的分界线，这种分界线称为轮界线。轮界线的清晰程度（生长轮明显度）可分为：清晰，如杉木、红松等；略清晰，如银杏、女贞等；不清晰，如枫香、杨梅等。掌握轮界线这一概念，对木材识别具有非常重要的作用。

在同一个年轮内，早材向晚材变化的方式有两种——急变和缓变。早材向晚材转变的分界线明显，称为急变，如落叶松、马尾松、樟子松等；早材向晚材转变的界线不明显，称为缓变，如红松、冷杉等。

依树种不同，早晚材宽度的比例有很大差异，常以晚材率来表示，即晚材在一个年轮中所占的比率。其计算公式为

$$P = \frac{b}{a} \times 100\%$$

式中　P——晚材率，%；

　　　a——一个年轮的宽度，cm；

　　　b——一个年轮内晚材的宽度，cm。

晚材率的大小可以作为衡量木材强度高低的标志，晚材率大的树种，其木材强度也相对较高。

(4) 管孔

导管是绝大多数阔叶材的中空状轴向输导组织，在横切面上，呈孔眼状，称为管孔，在纵切面上，呈沟槽状，称为导管线。由于针叶材不具有导管，在肉眼下或低倍显微镜下观察不到管孔，故又将针叶材称为无孔材。而阔叶材的横切面上能观察到管孔，故又将阔叶材称为有孔材。因此，有无管孔是区别阔叶材和针叶材的重要依据，如图 1-1-7 所示。为进一步识别阔叶材，需从管孔的大小和分布类型入手。

① 管孔的大小。管孔的大小是指在横切面上管孔孔径的大小，是阔叶材宏观识别的重要特征之一。管孔大小以导管弦向直径为准，分为三级，如表 1-1-6 所示。

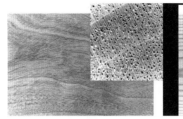

(a) 桃花心木   (b) 黄松

图 1-1-7　木材管孔

表 1-1-6　木材管孔的大小

级别	特征	树种
大管孔	弦向直径在 300μm 以上，肉眼下明显至明晰	白椿木、栎木等
中管孔	弦向直径在 300～100μm 之间，肉眼下易见至略明晰	槭木、核桃楸等
小管孔	弦向直径在 100μm 以下，肉眼下不易见或不见	山杨、桦木等

　　② 管孔的分布类型。管孔在生长轮内的分布较为稳定，且呈现一定的规律，是在繁多的阔叶材中识别树种的重要依据。从林学专业角度考虑，根据管孔在横切面上一个生长轮内的分布和大小情况，将阔叶材划分为环孔材、半环孔材和散孔材，如表 1-1-7 所示。

表 1-1-7　木材管孔的分布类型

类型	散孔材	半环孔材（半散孔材）	环孔材
特征	在一个年轮内早晚材管孔的大小区别不明显，分布均匀或比较均匀	在一个年轮内，早材管孔较晚材管孔大，但其过渡是缓变的，管孔大小的界限不明显，分布不很均匀，介于环孔材与散孔材之间	在一个年轮内早晚材管孔的大小区别明显，早材过渡是急变的，管孔的大小界限区别明显，大多数的管孔沿年轮呈环状排列，有一至多列
图片展示	(a) 散孔材——桃花心木	(b) 半散孔材——黑胡桃 散孔材、半散孔材和环孔材	(c) 环孔材——红橡
树种	杨木、柳木、枫香木、悬铃木、桦木、椴木、槭木、冬青、木兰、鹅掌楸和杜鹃等	核桃木、枫杨、柿树、瓦山水胡桃和香樟等	刺槐、刺楸、麻栎、栎属、黄波罗和榆属等

（5）轴向薄壁组织

　　轴向薄壁组织是由形成层纺锤状原始细胞分裂所形成的薄壁细胞群，即轴向排列的薄壁细胞所构成的组织。在横切面上，轴向薄壁组织的颜色比其周围组织的颜色稍浅，水润后会更加明显，如图 1-1-8 所示。

图 1-1-8　木材轴向薄壁组织

针叶材的轴向薄壁组织并不发达，仅占木材组织的1%或根本没有，不易通过肉眼或放大镜辨别，仅在杉木、柏木等少数树种中存在，对于针叶材的宏观识别意义不大。而阔叶材的轴向薄壁组织比较发达，占木材组织的2%～15%，且分布呈现一定的规律性，可通过其清晰度和分布类型来识别阔叶材。如白杨、冬青等木材的轴向薄壁组织不发达，麻栎、梧桐等木材的轴向薄壁组织很发达。

此外，木材之所以能够形成自然美感的花纹，一定程度上取决于轴向薄壁组织的类型和分布规律。如红木家具的鸡翅木花纹，美丽而独特，正是其轴向薄壁组织在特定的木材切面上的构成。然而，轴向薄壁组织是储存养分的细胞，易遭虫蛀，其自身强度并不高，易出现强度降低和开裂等缺陷。

(6) 木射线

在横切面上，凭借肉眼或借助放大镜可以观察到一些颜色较浅或略带有光泽的，自髓心向树皮方向呈辐射状排列的组织，称为木射线。木射线是木材中的横向输导组织，也是木材中唯一呈辐射状排列的横向组织，起到横向输导和储存养分的作用。

在木材三切面上，木射线会呈现出不同的形状，如图1-1-9所示。在横切面上，木射线呈辐射状，可测定其宽度和长度；在径切面上，木射线呈横短线状或带状，可测定其长度和高度；在弦切面上，木射线呈竖短线状或纺锤状，可测定其宽度和高度。

图 1-1-9　木射线

针叶材的木射线不明显，多为细木射线，少数为中等木射线，在肉眼或放大镜下一般观察不清楚，对于针叶材的宏观识别意义不大。阔叶材的木射线较明显，多为中等木射线或宽木射线，因此，可根据木射线宽度对阔叶材进行识别，如表1-1-8所示。

木射线组织的存在也是木材呈现自然美感的花纹的主要原因之一，深受大众的青睐，具宽木射线的木材花纹更加美丽，但木射线组织较脆且强度较低，干燥时易出现沿着木射线方向的裂纹，降低木材的利用价值。

(7) 胞间道

胞间道是由分泌细胞环绕而成的长形细胞间隙，在针叶材中，胞间道储存树脂，称为树脂道；在阔叶材中，胞间道储存树胶，称为树胶道。对于木材识别而言，针叶材的树脂道比阔叶材的树胶道具有更大参考价值，如图1-1-10所示。

表 1-1-8　木射线的类型

类型	宽木射线	中等木射线	细木射线
特点	宽度在 0.2mm 以上，肉眼下明晰至很显著	宽度在 0.05～0.2mm 之间，肉眼下可见至明晰	宽度在 0.05mm 以下，肉眼下不可见至可见
图片展示	(a) 宽木射线(银桦)	(b) 中木射线(紫椴) 不同宽窄的木射线	(c) 细木射线(响叶杨)
树种	栓皮栎、赤杨和青冈栎等	榆木、椴木和槭木等	杨木、桦木和柳木等

树脂道常见于松属、落叶松属、云杉属、黄杉属、银杉属和油杉属六属木材中。树脂道分为轴向树脂道和横向树脂道，云杉属没有横向树脂道，其他五属两者兼有。此外，树脂道还分为正常树脂道和创伤树脂道。树脂道的有无、多少及大小对识别针叶材有着重要意义。在针叶材中，横切面树脂道多见于晚材或晚材附近部分，呈白色或浅色的小点，纵切面上呈深色或褐色的沟槽或细线条。

图 1-1-10　木材树脂道

相比于树脂道，树胶道没有那么显见，但树胶道也有纵向树胶道和横向树胶道两种。纵向树胶道常见于龙脑香科和豆科的某些木材中，横向树胶道常见于漆树、黄连木和橄榄等木材中。

3. 木材的次要宏观特征

除了木材的主要宏观特征之外，还可利用视觉、嗅觉、味觉等感官来识别木材的次要宏观特征，包括颜色和光泽、气味和滋味、纹理、结构与花纹、质量和硬度、加工性和涂饰性等。虽然以上特征对木材识别具有关键意义，但这些特征存在变异性，只能对木材识别起到辅助性参考作用。

(1) 颜色和光泽

单宁、色素、树脂、树胶、油脂等物质沉积于木材细胞腔，并渗透到细胞壁中，使得木材呈现不同的颜色，如图 1-1-11 所示。例如，云杉、杨木为白色至黄白色，松木为鹅黄色至略带红褐色，刺槐为黄色至黄褐色，香椿为鲜红褐色。此外，使得木材呈现各种颜色的色素能够溶解于水或有机溶剂中，可从中提取各种颜色的染料，用于纺织或其他化学工业，提高木材的高附加值利用。经脱色、漂白处理的木材还可用于造纸工业。经染色的木材又可加工成人造红木、人造乌木等特殊用材。对于家具和室内装饰而言，木材所具有的艳丽、自然、独特的颜色给人们以视觉上的优良感受，备受大众的青睐。

| (a) 紫檀木 | (b) 花梨木 | (c) 白橡木 |

图 1-1-11 木材的颜色

光泽是指光线在木材表面反射时所呈现的光亮度。不同树种之间光泽的强弱与树种、构造特征等因素有关。对于一些宏观特征相似的木材，可以借助木材的光泽进行鉴定。如云杉和冷杉，两者的宏观特征和颜色极为相似，但云杉呈绢丝光泽，而冷杉的光泽较淡。

(2) 气味和滋味

由于木材中含有各种挥发性油、树脂、树胶、芳香油及其他物质，因此木材散发出各种不同的气味。如雪松有辛辣气味；杨木有青草味；松木有清香的松脂气味；柏木、侧柏、圆柏等有柏木香气；椴木有腻子气味。樟科的一些木材具有特殊的樟脑气味，含有樟脑油，常用于制作衣箱，具有耐菌蚀、抗虫蛀等特性，可长期保存衣物。但是，还有个别木材的气味对人体有害或导致皮肤过敏。

木材中所含的水溶性抽提物中含有一些特殊化学物质，使得木材具有特殊的味道。如板栗具有涩味，肉桂具有辛辣及甘甜味；黄连木、苦木具有苦味；糖槭具有甜味等。

(3) 纹理、结构与花纹

纹理是指纤维、导管、管胞等木材主要细胞的排列方向所反映出来的木材外观，通常分为直纹理、斜纹理和交错纹理。直纹理是指木材主要细胞排列方向与树干长轴基本平行，如红松、杉木和榆木等，直纹理木材强度高、易加工，但花纹简单；斜纹理则是不平行的，呈一定角度的倾斜，如圆柏、枫香和香樟等；交错纹理是指排列方向错乱，呈现左右螺旋、分层交错缠绕的纹理，如海棠木、大叶桉和母生等。具有交错纹理和斜纹理的木材强度较低，不易加工，刨削面不光滑且易起毛刺，但花纹美丽，广泛用于木制品装饰工艺，如图1-1-12 所示。

结构是指组成木材各种细胞的大小和差异程度。阔叶材的结构以导管的弦向平均直径、数量和木射线的数量等来表示。由较多大细胞组成的称为粗结构，如水曲柳等；由较多小细胞组成的称为细结构，此类木材材质致密，如椴木、桦木等。

根据管孔的分布和大小情况，将阔叶材划分为环孔材、半环孔材和散孔材。组成木材的细胞大小差异较大的称为不均匀结构，即环孔材；组成木材的细胞大小差异不大的称为均匀结构，即散孔材。

| (a) 杉木(直纹理) | (b) 香樟(斜纹理) | (c) 黄花梨(交错纹理) |

图 1-1-12　木材的纹理

针叶材的结构以管胞弦向平均直径、晚材带宽窄、早晚材变化缓急和空隙率大小等来表示。晚材带窄、早晚材缓变的，称为细结构，如杉木、红豆杉等；晚材带宽、早晚材急变的，称为粗结构，如马尾松、落叶松等，如图 1-1-13 所示。

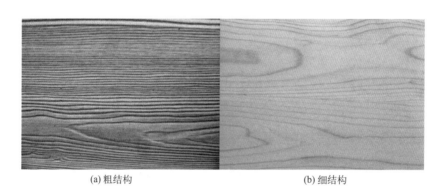

| (a) 粗结构 | (b) 细结构 |

图 1-1-13　木材的结构

花纹是指木材表面因年轮、木射线、轴向薄壁组织、节子、纹理、材色以及制材方向不同而产生的图案。例如，有些木材的早晚材带管孔的大小或颜色不同，弦切面上会形成抛物线花纹，如酸枣、山槐等；有些木材的宽木射线斑纹在反射光的衬托下会在弦切面上形成银光花纹，如栎木、水青冈等；原木的局部凹陷会形成近似鸟眼的圆锥形，称为鸟眼花纹；有些木材因休眠芽受伤或其他原因而不再发育，或因病菌寄生在树干上而形成木质曲折交织的圆球形凸出物，称为树瘤花纹，如桦木、柳木、榆木等；由于木材细胞排列相互成一定角度，因此形成近似鱼骨状的鱼骨花纹；由具有波浪状或皱状纹斑而形成的虎皮花纹，如槭木等；由于木材中的色素物质分布不均匀，在木材上形成许多颜色不同的带状花纹，如香樟等，如图 1-1-14 所示。

(4) 质量和硬度

质量和硬度可以作为木材识别的重要依据。例如，红桦和香桦在外部特征上很相近，但香桦较重且硬，而红桦较轻且软。根据木材的质量和硬度，通常将木材分为三大类：密度小于 0.5g/cm³、端面硬度在 5000N 以下的木材称为轻-软木材，如冷杉、红松、黄波罗等；

密度为 0.5 ～ 0.8g/cm³、端面硬度为 5001 ～ 10000N 的木材称为中等木材，如落叶松、水曲柳、榆木等；密度大于 0.8g/cm³、端面硬度在 10000N 以上的木材称为重 - 硬木材，如乌木、花梨木、红酸枝等。

图 1-1-14 木材的花纹

三、木材的性质

木材的性质主要包括化学性质、物理性质、力学性质。掌握木材的性质对于木材改性、装饰、加工利用、选用领域具有重要的意义。

1. 木材的化学性质

木材是由细胞壁、细胞腔和胞间层构成的天然材料。木材主要的化学成分是纤维素、半纤维素和木质素，约占木材的 90% 以上，次要成分是树脂、单宁、色素、果胶等抽提物和灰分。木材的化学成分决定着木材的化学性质，对木材改性、防腐与保护以及木制品的表面装饰具有重要意义。

（1）纤维素

纤维素是构成木材细胞壁的主要化学成分之一，针叶材中含量约为 42%，阔叶材中含量约为 45%。纤维素在木材细胞壁中起到骨架的作用。纤维素分子上具有大量亲水性羟基，具有较强的吸湿性，可从空气中吸收水蒸气分子。这一过程是木材发生湿胀的部分原因，对木材的尺寸稳定性及强度有着极大的影响。

（2）半纤维素

半纤维素也是构成木材细胞壁的主要化学成分之一，针叶材中含量约为 26%，阔叶材中含量约为 34%。半纤维素在木材细胞壁中起到黏结的作用。相比于纤维素，半纤维素上具有更多的亲水性羟基，吸湿性更强。实际生产中，常采用热处理工艺对木材进行预处理，以减少木材中的半纤维素含量，降低木材的吸湿性，提高木材的尺寸稳定性。

（3）木质素

木质素又称木素，是指木材除去纤维素、半纤维素和抽提物后剩余的细胞壁物质，在胞间层中的分布密度最大，针叶材中含量约为 29%，阔叶材中含量约为 21%。木质素在木材细胞壁中起到填充作用。木质素的含量对木材硬度、强度、耐磨性、变色等方面有着重要影响。"水法存木"的原理是将木材常年封存于水底，存储的木材不会泡烂也不会产生任何缺陷，这正是木质素起到的作用。但是，由于木质素的存在，木材会发生光氧化降解，导致木材变色，因此，长时间置于阳光下照射的木质家具制品会出现变色。

2. 木材的物理性质

木材的物理性质包括木材密度、含水率状态、水分、吸湿和解吸、干缩湿胀等基本性质，以及木材的电学、热学、声学和光学等特殊性质。掌握木材的物理性质对于木材的科学加工和利用具有重要的指导性意义。

（1）木材的水分

木材的水分按照存在状态分为自由水、吸着水和化合水，如表 1-1-9 所示。

表 1-1-9　木材的水分状态

类型	概念	特点
自由水	以游离态存在于木材细胞腔、细胞间隙中的水分	易于从木材中逸出，影响木材重量、燃烧性、渗透性和耐久性，对木材体积稳定性、力学性质、电学性质等无影响
吸着水	也称结合水，是指以吸附状态存在于细胞壁中的水分	不易从木材中逸出，只有当自由水蒸发殆尽时方可由木材中蒸发。吸着水数量的变化对木材物理力学性质和木材加工性质的影响很大
化合水	与木材细胞壁物质组成呈牢固的化学结合状态的水分	含量极少（<0.5%），只对木材化学加工起到作用，可忽略不计

（2）木材的含水率

木材的含水率常用木材中水分质量和木材自身质量的比例（%）来表示。依据含水率的不同，常将木材分为以下几种状态，如表 1-1-10 所示。

表 1-1-10　木材的含水率状态

状态	特点
生材状态	新伐倒的木材，含水率多在 50% 以上
湿材状态	长期浸泡在水中的木材，含水率高于生材
气干材状态	木材在大气环境下水分逐渐蒸发，最后达到与大气温度和湿度相平衡的状态，通常以 12% 进行折算
窑干材状态	经人工干燥的木材，含水率为 4%～12%
绝干材状态	经温度为（103±2）℃的强制鼓风干燥箱干燥的木材，此时的木材含水率接近零且保持不变

木材的含水率分为绝对含水率和相对含水率两种。以绝干材质量为基准来计算的含水率，称为绝对含水率；以生材质量为基准来计算的含水率，称为相对含水率。绝对含水率和相对含水率的计算公式如下所示。

$$W = \frac{G_w - G_o}{G_o} \times 100\%$$

$$W_1 = \frac{G_w - G_o}{G_w} \times 100\%$$

式中　W——绝对含水率，%；

　　　W_1——相对含水率，%；

　　　G_o——绝干材的质量，g；

　　　G_w——湿材质量，g。

绝对含水率的计算公式是以固定的绝干材质量为基础的，计算结果准确，可用于对比分析，因此，在生产和科研领域，通常以绝对含水率来表示木材含水率。相对含水率的计算公式是以湿材质量为基础的，计算结果不准确，不可用于生产和科研领域，仅用于造纸工业、纤维板工业、木材燃料水分含量计算等领域。

（3）木材的纤维饱和点

木材的纤维饱和点是指木材处于某一临界状态下的含水率，即当木材细胞壁中的吸着水处于饱和状态，而细胞腔中不存在自由水时的临界含水率。木材的纤维饱和点的影响因素较多，如树种、环境温度、测定方法等，多为23%～33%，通常以30%作为木材纤维饱和点的平均参考值。

纤维饱和点定义的确定引用了吸着水和自由水的特定状态，即在纤维饱和点以下时（木材含水率低于30%），木材中的水分为吸着水；在纤维饱和点以上时，木材中的水分为吸着水和自由水。根据木材的水分状态分类可知，吸着水和自由水对于木材各项性质的影响存在显著的差异，因此，纤维饱和点通常被称为木材性质的关键转折点。在纤维饱和点以上时，木材的外观尺寸以及力学和电学性质基本不会受到含水率的影响；在纤维饱和点以下时，木材的膨胀或收缩便会发生，力学和电学性质也会发生显著的变化，机械强度呈反比增大，电导率成正比下降。

（4）木材的吸湿性

木材为多孔性材料，且纤维素、半纤维素等化学组分中含有大量亲水性的羟基，使得木材可从潮湿的环境中吸收水分，称为吸湿，也可向干燥的环境中蒸发水分，称为解吸，两者是可逆的。

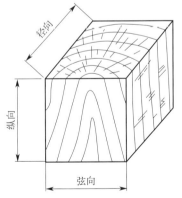

图 1-1-15　木材的干缩湿胀方向

（5）木材的干缩湿胀

木材的干缩湿胀是指在纤维饱和点至绝干状态的含水率区域内，水分的解吸或吸湿会使木材发生干缩或湿胀，宏观表现为木材的体积发生了变化。

木材为各向异性结构，干缩和湿胀也存在着各向异性。木材的干缩湿胀各向异性主要体现在两个方向上，即纵向和横向，横向又分为径向和弦向，如图 1-1-15 所示。

大部分木材的纵向干缩率为 0.1%～0.3%，而径向和弦向干缩率为 3%～6% 和 6%～12%。由此可见，纵向干缩率最小，可忽略不计，这也是木材或木制品可作为建筑材料的理论依据。但是，径向和弦向干缩率较大且存在较大差异，若处理不当，木材或木制品便会产生开裂、变形等缺陷，降低其使用价值，如图 1-1-16 和图 1-1-17 所示。

图 1-1-16　木材开裂

图 1-1-17　木材变形

　　然而，木材的干缩湿胀是木材的天然特质，是不可去除的固有性质。因此，为在家具和室内装饰领域更好地利用木材，必须充分了解并掌握木材的干缩湿胀规律，以通过科学严谨的技术手段来有效控制木材的干缩湿胀程度，如木材干燥、木材炭化处理、木材水热处理、木材化学处理等。

（6）木材的平衡含水率

　　木材在空气中吸收水分和蒸发水分的速度相等，达到动态平衡、相对稳定，此时的含水率称为木材的平衡含水率。木材的平衡含水率与树种的关系不大，可不做考虑。木材的平衡含水率与空气温度和湿度有直接关系，我国北方地区木材平衡含水率在 12% 左右，南方地区在 15% 左右，海南岛地区在 18% 左右，如表 1-1-11 所示。

表 1-1-11　我国主要城市的木材平衡含水率

城市	平衡含水率 /%	城市	平衡含水率 /%
北京	11.4	重庆	15.9
呼和浩特	11.2	拉萨	8.6
天津	12.2	贵阳	15.4
太原	11.7	昆明	13.5
石家庄	11.8	成都	16.0
哈尔滨	13.6	乌鲁木齐	12.1
长春	13.3	银川	11.8
沈阳	13.4	西安	14.3
大连	13.0	兰州	11.3
济南	11.7	西宁	11.5
青岛	14.4	郑州	12.4
杭州	16.5	武汉	15.4
温州	17.3	南昌	16.0
福州	15.6	长沙	16.5
上海	16.0	南宁	15.4
南京	14.9	桂林	14.4
合肥	14.8	广州	15.1
台北	16.4	海口	17.3

木材具有天然的吸湿性和干缩湿胀性。木材的解吸所引起的干缩会导致木材或木制品发生开裂，木材的吸湿所引起的湿胀会导致木材或木制品发生翘曲变形，这严重制约了木材的加工利用。木材的平衡含水率这一概念的提出，具有极为重要的实践指导意义，即木材在利用前，必须将其含水率控制在使用地点的温、湿度相对应的平衡含水率范围内，才能有效避免木材含水率的变化，从而有效地控制木材尺寸或形状的变化，保证木制品质量。

（7）木材的密度

木材的密度指单位体积内木材的质量，又称木材容积重或容重，单位为 g/cm³ 或 kg/m³。除极少数树种外，木材的密度通常小于 1g/cm³。木材密度与强度之间成正比，即在含水率相同的情况下，木材密度越大则木材强度越大，是判断木材强度的最佳指标。根据木材加工利用的不同，通常将木材的密度分为四种，如表 1-1-12 所示。其中，基本密度和气干密度最为常用。

表 1-1-12　木材的密度类型

种类	概念	应用
基本密度	全干质量与饱水木材体积的比值	体现木材的实质重量
生材密度	生材质量与生材体积的比值	估测木材运输量和木材干燥时所需时间与热量
气干密度	气干材质量与气干材体积的比值	估算木材重量，评价木材性质与木材质量
全干密度	木材含水率为零时的木材密度	仅做科研对比试验应用

（8）木材的特性

木材的特性主要包括木材的电学性质、热学性质、声学性质，如表 1-1-13 所示。掌握木材的特性对于木材预处理、木材改性、木材特种应用等方面具有重要的指导意义。

表 1-1-13　木材的特性

特性	原理	应用
电学性质	木材的导电性随着含水率的变化呈现反比变化，即含水率越低，电阻越大，导电性越小	家具无损检测仪器、电器工具手柄、电工接线板等
热学性质	木材的热导率随着含水率的变化呈现正比变化，即含水率越低，导热性越小	保温隔热材料，原木蒸煮、木材防腐、木材改性等
声学性质	木材具有声共特性和振动频谱特性，能够在冲击力作用下，由本身的振动辐射声能发出优美音色的乐音，同时将弦振动的振幅扩大并美化其音色向空间辐射声能	钢琴、吉他等乐器

3. 木材的力学性质

木材的力学性质是指木材抵抗外力而不变形或不被破坏的性质，如抗拉强度、抗压强度、抗弯强度、抗剪强度、冲击韧性等。木材的力学性质与木材的构造密切相关，同时还受木材水分、木材密度、木材缺陷、外界温度等因素的影响。

了解并掌握木材的力学性质，对于木材加工生产、解决实际应用问题具有重要的意义。然而，木材的力学性质涉及面广，影响因素多，理论性强，测量仪器昂贵，在此不做过多的描述，仅以家具与室内装饰领域所涉及的主要力学性质为出发点进行描述。

（1）木材的抗拉强度

木材的抗拉强度是指木材承受拉力载荷的最大能力。按照受力方向的不同，木材的抗拉强度分为顺纹抗拉强度和横纹抗拉强度。木材顺纹抗拉强度是指木材沿纹理方向承受拉力荷载的最大能力，平均为 117.7 ～ 147.1MPa，为顺纹抗压强度的 2 ～ 3 倍。在实际应用中，很少出现木材被拉断的情况。木材横纹抗拉强度是指垂直于木材纹理方向承受拉力荷载的最大能力。木材的横纹抗拉强度比顺纹抗拉强度低得多，一般只有顺纹抗拉强度的 1/40 ～ 1/30。在实际应用中，应避免木材在横纹方向上受拉力，以避免木材出现开裂的现象。

（2）木材的抗压强度

木材的抗压强度是指木材承受压力载荷的最大能力。按照受力方向的不同，木材的抗压强度分为顺纹抗压强度和横纹抗压强度。木材顺纹抗压强度是指木材沿纹理方向承受压力荷载的最大能力，平均值约为 45MPa。选用木结构支柱、矿柱和家具腿部构件时应格外注意区分木材的纹理。木材横纹抗压强度是指垂直于木材纹理方向承受压力荷载的最大能力。木材能承受的横纹压力比顺纹压力低得多，一般只有顺纹压力的 1/40 ～ 1/30。家具中的束腰线、底线、面材等部件均受横纹压力。

（3）木材的抗弯强度

木材的抗弯强度是指木材承受逐渐施加弯曲荷载的最大能力，也称静曲强度，是重要的木材力学性质之一，主要用于家具中各种柜体的横梁、建筑物的桁架、地板和桥梁等易于弯曲构件的设计。木材的抗弯强度平均值约为 90MPa，与木材的密度呈正比关系。

（4）木材的冲击韧性

木材的冲击韧性是指木材受冲击力而弯曲折断时，试样单位面积所吸收的能量，用破坏试样所消耗的功（kJ/m^2）表示。木材的冲击韧性是检验木材的韧性或脆性的指标，吸收的能量越大，表明木材的韧性越高而脆性越低。

以上是木材最为重要的四种力学性质，且每一种力学性质在顺纹和横纹方向上的强度都有着巨大的差异，因此，在选用木材时，应注意木材的纹理方向，如表 1-1-14 所示。

表 1-1-14　木材各机械强度的关系

抗拉		抗压		抗剪		弯曲
顺纹	横纹	顺纹	横纹	顺纹	横纹	
2 ～ 3	1/20 ～ 1/3	1	1/10 ～ 1/3	1/7 ～ 1/3	1/2 ～ 1	1.5 ～ 2.0

注：表中以顺纹抗压强度极限为 1，其他各项强度皆为其倍数。

四、木材的选用

木材的选用可从针叶材、阔叶材和再生实木三个种类中考虑，如表 1-1-15 ～表 1-1-17

所示，列举四种常见针叶材、四种常见阔叶材和四种常见再生实木。

表 1-1-15 常见针叶材

种类		特点	应用	图片展示
针叶材	落叶松	生长轮明显，早晚材急变，心、边材区别极明显，纹理直，结构细密，含树脂，加工较难	建筑、龙骨等	 落叶松的应用
	红松	心、边材区别明显，边材为淡黄白色，心材为淡黄褐色或淡褐红色。生长轮明显，早晚材渐变，质轻软，纹理直，结构细，耐腐性强，易加工	家具、板材及木纤维工业	 红松的应用
	樟子松	心材为淡红褐色，边材为淡黄褐色，较宽。生长轮明显，早晚材急变，木射线细，材质较细，纹理直，硬度、密度适中，握钉力适中，纹理细直、木纹清晰，变形系数较小	器具、家具及木纤维工业原料等	 樟子松的应用
	冷杉	心、边材区别不明显，为浅褐色或黄褐色带红色。年轮明显，宽窄不均，早晚材渐变，加工容易，切削面光滑，干燥，机械加工、防腐工艺性良好	家具、室内装饰等	 冷杉的应用

表 1-1-16 常见阔叶材

种类		特点	应用	图片展示
阔叶材	水曲柳	年轮明显但不均匀，早材大管孔，木射线细，径切面射线斑纹明显，木质结构粗，纹理直，花纹美丽，材质硬度较大，弹性、韧性好，耐磨、耐湿，但干燥困难，易翘曲。水曲柳加工性能好，但应防止撕裂。切面光滑，油漆和胶黏性能好	地板、集成材、中高档家具等	 水曲柳的应用

	种类	特点	应用	图片展示
阔叶材	柞木	心、边材区别明显，边材为浅黄褐色，心材为暗褐色，早晚材急变，早材管孔大，木射线较宽，径切面木射线斑纹极明显，材质坚实，纹理直或斜，结构粗，较难加工，易开裂	地板、集成材	柞木的应用
	桦木	心、边材区别不明显，为浅黄褐色。生长轮不明显，有细细的深色轮界线。早晚材渐变，管孔细少。木射线比管孔小，径切面有射线斑，材质细腻较硬，纹理直，易加工，切面光滑	地板、家具、纸浆、内部装饰材料、胶合板等	桦木的应用
	椴木	心、边材区别不明显，为黄白色，有油性光泽。生长轮不明显，早晚材渐变。纹理直，结构细且均匀，材质软，加工容易，不开裂	木线、细木工板、木制工艺品等装饰材料	椴木的应用

表 1-1-17　常见再生实木

	种类	特点	应用	图片展示
再生实木	集成材	不仅具有天然木材的质感，而且外表美观，材质均匀，还克服了天然木材易翘曲、变形、开裂的缺陷，其物理性质也优于天然木材	建筑行业、家具行业、装饰装修行业	集成材的应用
	单板层积材（LVL）	强度高、耐久性强、规格尺寸灵活、加工性强、尺寸稳定性好、抗震性强、阻燃性好、经济性好	工业与民用建筑内各种承重结构、屋顶、结构框架和地板，如门窗的横梁，内部墙壁和门窗等；车船制造业及枕木制造	单板层积材的应用
	防腐木	耐腐蚀、耐候性好、防虫性好	用于户外环境的露天木地板，并且可以直接用于与水体、土壤接触的环境中，是户外木地板、园林景观地板、户外木平台、露台地板、户外木栈道及其他室外防腐木凉棚的良好材料	防腐木的应用

续表

种类		特点	应用	图片展示
再生实木	炭化木	环保、防腐性好、防虫性好	护墙板、户外地板、厨房装修、桑拿房装修、家具制作	 炭化木的应用

拓展学习

① 红木的种类与应用。

② 实木板材的主要缺陷。

问题思考

① 木材按照树种分为几类?

② 木材的三切面指哪三个切面?

③ 木材的主要宏观特征有哪些?

④ 如何理解木材的平衡含水率?

任务单

任务单见表 1-1-18。

表 1-1-18　任务单

任务单			
任务名称		小组编号	
日期		课节	
组长		副组长	
其他成员			
任务讨论与方案说明			
方案实施与选材要点			

存在问题与解决措施

选材方案展示

任务评价（评分）：

任务完成情况分析	
优点：	不足：

任务二
板式家具材料

> **任务布置**

　　李女士需要定制一套板式橱柜，综合考虑产品造价、外观美感、质感优劣等方面，最终制定选用方案，完成任务。

> **任务目标**

　　知识目标：

　　① 了解板式家具的概念；

　　② 掌握常用人造板的识别技巧、特点与应用；

　　③ 掌握装饰板材的识别技巧、特点与应用。

　　能力目标：能够根据板式家具的规格合理选用装饰板材。

　　素质目标：培养学生独立思考和拓展创新的精神。

任务指导

　　实木家具的诸多优点颇受大众青睐，但是，随着多年以来的过度采伐，性能优良的大径级原木已濒临灭绝，人均森林面积仅为 0.132 hm²，远不能满足大众对于实木家具的需求。20 世纪 70 年代，兴起了一种新型现代家具构形——板式家具，20 世纪 80 年代进入我国。板式家具的出现是家具工业史上发展趋势的一次革命。板式家具推向市场，标志着家具从传统的作坊式个体生产跨进了现代工业化生产的新阶段。正是这种家具业生产方式的转变，使家具业跻身为现代产业。

图 1-2-1　板式家具

一、板式家具

板式家具是以人造板（胶合板、细木工板、刨花板、纤维板等）为主要基材，经表面装饰（饰面、封边、涂饰）后，采用五金件连接而成的家具，如图 1-2-1 所示。相比于实木家具，板式家具既保留了天然木材的基本特点，又克服了木材固有的天然缺陷，同时具备可拆卸、外观时尚、尺寸稳定等优点。但是，板式家具仍有自身的缺点，如游离甲醛的释放。板式家具分为胶合板家具、细木工板家具、刨花板家具、纤维板家具等，广泛应用于室内外民居家具、办公家具、宾馆家具等领域。

二、人造板材

人造板材简称人造板，是以木材或其他植物纤维为原材料，经机械加工成单板、刨花或碎料、纤维等结构单元，再涂布或混入胶黏剂和其他添加剂，最后在一定温度和压力下压制而成的板材、型材或模压制品，如图 1-2-2 所示。人造板具有幅面尺寸大、质地均匀、尺寸稳定、表面平整、易于贴面或涂饰等优点。人造板材主要有胶合板、细木工板、刨花板、纤维板、秸秆板等。

1. 胶合板

胶合板又称夹板、多层板或实木多层板，是采用一定长度的原木，经蒸煮软化处理后，旋切成一定厚度的单板，按照幅面尺寸要求截断成片状薄板，滚涂一层胶黏剂，再按照相邻单板纹理垂直的方式组坯，最后在一定的温度和压力下压制而成的三层或三层以上的奇数层板材，如图 1-2-3 所示。

图 1-2-2　人造板材

图 1-2-3　胶合板

（1）胶合板的分类

胶合板分为Ⅰ类胶合板、Ⅱ类胶合板、Ⅲ类胶合板。Ⅰ类胶合板能够通过煮沸试验，是供室外条件下使用的耐候胶合板；Ⅱ类胶合板能够通过（63±3）℃热水浸渍试验，是供潮湿条件下使用的耐水胶合板；Ⅲ类胶合板能够通过（20±3）℃冷水浸泡试验，是供干燥条件下使用的不耐潮胶合板。

（2）胶合板的工艺条件

胶合板的幅面尺寸为1220mm×2440mm。胶合板的构成应遵循对称和奇数层原则，以确保各层受力均匀，防止胶层受到破坏，提高胶合板强度。胶合板含水率应为5%～16%。

（3）胶合板的特点与应用

胶合板既继承了天然木材的纹理美观、强度高等优点，又弥补了天然木材的节子、幅面小等缺点。胶合板最大的特点是有效打破了木材的各向异性，提高了板材的尺寸稳定性。胶合板还具备材质均匀、幅面大、表面平整、施工方便、横纹抗拉和抗压强度好等优点。胶合板可用于家具、地板等装饰板材的基材以及家具的旁板、背板、底板等部位，也可用于室内的墙面装饰，如图1-2-4所示。

此外，胶合板还可通过特种加工制成弯曲构件，这也是胶合板区别于木材和其他人造板的最大的特点。利用胶合板的弯曲特点，可制作艺术家具、沙发椅造型扶手等，如图1-2-5和图1-2-6所示。

图1-2-4 电视背景墙硬包

图1-2-5 胶合板弯曲家具

2.细木工板

细木工板又称大芯板，是由实木条沿顺纹方向组成板芯，上下两面分别粘贴单板或胶合板的板材，也可称为具有实木板芯的胶合板，如图1-2-7所示。

（1）细木工板的分类

按板芯拼接状况分为胶拼细木工板、不胶拼细木工板；按表面加工状况分为单面砂光细木工板、双面砂光细木工、不砂光细木工板；按层数分为三层细木工板、五层细木工板、多层细木工板。

图 1-2-6 沙发椅扶手

图 1-2-7 细木工板

（2）细木工板的工艺条件

细木工板的幅面尺寸为 1220mm×2440mm。细木工板的原材料是芯部的实木条，占细木工板体积 60% 以上，直接关系到细木工板的质量。因此，在制备细木工板时，应着重考虑实木条的材质。实木条的材种有许多种，如杨木、桦木、松木、泡桐等，其中以杨木、桦木为最好，质地密实，木质不软不硬，握钉力强，不易变形，而泡桐的质地很轻、较软、吸收水分大，握钉力差，不易烘干，制成的板材在使用过程中，当水分蒸发后易干裂变形。而松木质地坚硬，不易压制，拼接结构不好，握钉力差，变形系数大。实木条应材质软、结构均匀、干缩变形小、表面平整、易加工，含水率应遵循平衡含水率进行把控，长度不宜过长，宽度一般为厚度的 1.5 倍。实木条以杨木、桦木为最好，质地密实，木质不软不硬，握钉力强，不易变形。

细木工板的加工工艺分为机拼与手工拼制两种。手工拼制是用人工将木条镶入夹板中，木条受到的挤压力较小，拼接不均匀，缝隙大，握钉力差，不能锯切加工，只适宜做部分装修的子项目，如做实木地板的垫层毛板等。而机拼的板材受到的挤压力较大，缝隙极小，拼接平整，承重力均匀，可长期使用，结构紧凑，不易变形。

（3）细木工板的特点与应用

细木工板结合了木材和胶合板的优点，具有强度和硬度大，不易变形，板面平整，易于加工，质坚、吸声、绝热等特点。细木工板可用于桌面、台面、组合柜、门窗、门套、隔断、假墙、暖气罩、窗帘盒等的制作。

此外，相比于其他人造板材，细木工板具有很强的握钉力，可进行钉加工。细木工板还可用于室内墙面的装饰，如墙面展板的底板、墙面软包的底板等，如图 1-2-8 所示。

3. 刨花板

刨花板又称碎料板、颗粒板或实木颗粒板，是以木材加工余料、小径级木材、其他植物秸秆等为原材料，经过机械加工成一定规格的刨花或碎屑，再施加一定数量的胶黏剂和添加单元并搅拌均匀，铺装板坯成型，最后在一定温度和压力下压制成的板材，如图1-2-9所示。

（1）刨花板的分类

刨花板是定制家具中最常用的人造板之一，品种繁多，分类方法也各不相同，如表1-2-1所示。

（2）刨花板的工艺条件

刨花板的幅面尺寸为1220mm×2440mm。刨花板的密度通常为 $0.60 \sim 0.70 kg/cm^3$。

图1-2-8　墙体软包

图1-2-9　刨花板

表1-2-1　刨花板的分类

项目	类别
用途	干燥状态下使用的刨花板、潮湿状态下使用的刨花板
结构	单层结构刨花板、三层结构刨花板、渐变结构刨花板、定向刨花板/欧松板（OSB）、华夫刨花板、模压刨花板
制造方法	平压刨花板、挤压刨花板
原材料	木质刨花板、甘蔗渣刨花板、亚麻屑刨花板、棉秆刨花板、竹质刨花板、水泥刨花板、石膏刨花板
表面状况	砂光刨花板、未砂光刨花板、浸渍纸饰面刨花板、装饰层压板饰面刨花板、单板饰面刨花板、表面涂饰刨花板、PVC饰面刨花板
密度	低密度刨花板（$0.25 \sim 0.45 g/cm^3$）、中密度刨花板（$0.45 \sim 0.60 kg/cm^3$）、高密度刨花板（$0.60 \sim 1.3 kg/cm^3$）

（3）刨花板的特点与应用

刨花板具有原料来源广、幅面大、表面平整光滑、密度均匀、尺寸稳定、易贴面、机械加工以及吸声、隔声性能良好等优点，但板材表面无木材的纹理和色泽，材质粗糙，缺乏装饰性，易吸湿变形，抗弯性和抗拉性较差，用于横向构件时易有下垂变形，握钉力特别是握螺钉力较差，不宜多次拆卸。刨花板可用于民用家具、办公家具、宾馆家具、板式橱柜、音箱盒、复合门板、复合地板制造、室内装饰等领域，如图1-2-10和图1-2-11所示。

图 1-2-10　使用刨花板制作的衣柜

图 1-2-11　使用刨花板制作的橱柜

以上刨花板的特点与应用仅对应的是传统意义上的普通刨花板，而普通刨花板的握钉力较差，型面加工较难，横向承重能力差，极大地限制了其应用范围。为了拓展刨花板的应用领域，在 20 世纪 70 年代，人们在普通刨花板的工艺基础上改善了刨花和铺装工艺，成功研制出一种组织更为致密、结构更为均匀的板材，主要有均质刨花板和定向刨花板。

均质刨花板确保了板材在厚度方向上的均匀，即从板材侧面看不到明显的分层结构，如图 1-2-12 所示。相比于普通刨花板，均质刨花板的弯曲强度、内结合强度及握螺钉力均有所提高，吸水厚度膨胀率也有所降低，力学性能可媲美中密度纤维板，除应用于一般的家具制造外，还可广泛应用于室内装饰领域。

定向刨花板（oriented strand board，OSB），又称欧松板，是采用窄长的薄平刨花和定向铺装工艺制备而成的一种结构板材，如图 1-2-13 所示。相比于普通刨花板，定向刨花板具有强度高、刚性大、尺寸稳定、价格高等特点，可用于房屋建筑、室内装饰、家具承重和支撑构建等领域。

图 1-2-12　均质刨花板

图 1-2-13　定向刨花板

4.纤维板

纤维板又称密度板，是以木材或其他植物纤维为原材料，经过削片、纤维分离、施胶、成型、热压而成的一种板材，如图 1-2-14 所示。

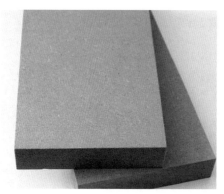

图 1-2-14 纤维板

（1）纤维板的分类

按照工艺的不同，纤维板分为湿法纤维板和干法纤维板；按照原材料的不同，分为木质纤维板和非木质纤维板；按照板材密度的不同，分为低密度纤维板、中密度纤维板和高密度纤维板。其中，中密度纤维板最为常用，密度为 $0.65 \sim 0.80 g/cm^3$。

（2）纤维板的工艺条件

纤维板的幅面尺寸为 1220mm×2440mm。中密度纤维板的含水率为 3.0% ～ 13.0%。

（3）纤维板的特点与应用

纤维板具有幅面大、密度适中、结构均匀、表面平整且两面光滑、尺寸稳定、物理力学性能优良、易于涂饰和贴面的特点，能够进行锯截、钻孔、开榫、铣槽、砂光、铣型、雕刻等机械加工，还可用于制作型材。纤维板还具备易改性的特点，以使板材具有一定的耐水性、阻燃性、防腐性和防虫性等。纤维板可用于胶合板、细木工板等人造板的饰面、板式家具的中厚板和薄板、模压门板、复合门板等。此外，纤维板还可用于沙发框架、桌面、桌脚、座面、靠背面、扶手、室内装饰用板材、强化地板芯板等，如图 1-2-15 和图 1-2-16 所示。

图 1-2-15　模压门板

5. 其他人造板材

（1）秸秆板

秸秆板是以农作物秸秆为原材料制成的一种板材，具有结构均匀、尺寸稳定、生态环保、强度高、易于加工和涂饰等特点，如图 1-2-17 所示。秸秆板还具有优良的加工性能和表面装饰性能，适合于做各种表面装饰处理和机械加工，特别是异型边加工。与刨花板比较具有明显优势，可广泛代替木质人造板和天然木材使用。秸秆板可用于板式家具用材的基材、嵌板门、浮雕门等。

图 1-2-16　强化地板

图 1-2-17　秸秆板

秸秆板的承重、力学性能、安全性能等均可达到刨花板国家级标准，甲醛释放可达到 E0 级标准，是目前环保等级最高的人造板。秸秆纤维表面具有大量的天然蜡质层，具有天然的防潮、防水性能。秸秆纤维中含有大量的二氧化硅，具有天然的防火性能，遇火只会炭化，不会蔓延燃烧，可满足《建筑材料及制品燃烧性能分级》（GB 8624—2012）中的 B2 级要求。

经三聚氰胺浸渍纸、饰面板等装饰后，秸秆板可制作装饰板材，再经五金件连接组装为秸秆板家具。秸秆人造板的发展可实现"以草代木"，减少森林木材资源砍伐，为保护生态环境提供了新的产业发展思路，解决了秸秆综合利用问题，防止了秸秆燃烧造成的雾霾危害，对于人类共同体的安全等方面均起到积极的推进作用。同时，也客观地认识到秸秆人造板材已昂首阔步走向市场，凭借环保、隔音、隔热性等优势向传统家具、室内装饰、建筑材料发起了挑战。然而，对秸秆综合利用的研究尚未形成一个系统、完整的体系，工业化生产仍是难题。然而，与木质人造板相比，无醛秸秆人造板在制备成本和物理力学性能方面仍有一定的差距。

（2）空心板

空心板的结构特点是芯部结构采用实木或胶合板组成网格，上下粘贴两层以上单板或胶合板，如图 1-2-18 所示。空心板的材质轻、尺寸稳定，可大幅节约木材的消耗量，颇受家具生产企业的青睐。

（3）蜂窝板

蜂窝板的结构特点是芯部结构采用牛皮纸组成的六角形蜂窝状纸芯，上下粘贴两层以上单板，如图 1-2-19 所示。蜂窝板的板质轻，不易虫蛀，力学性能优良。

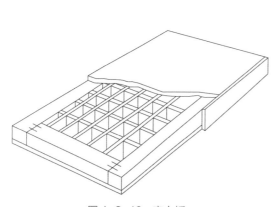

图 1-2-18　空心板

图 1-2-19　蜂窝板

（4）木塑复合材料

木塑复合材料是利用天然植物纤维填料和塑料为主要原料，应用植物纤维改性、塑料改性及改善界面相容性等众多技术手段，将废弃的天然植物纤维与废旧塑料等进行熔融，之后再加工成型的一种绿色环保、环境友好的新型材料，如图 1-2-20 所示。木塑复合材料来源广泛，且加工工艺简单，制品在使用之后还能够进行回收利用，真正符合绿色环保的理念。木塑复合材料具有良好的尺寸稳定性、优异的力学性能和耐腐蚀等性能，在建筑材料中具有广泛的应用。

三、装饰板材

装饰板材是以胶合板、刨花板等人造板为基材，经装饰处理后的一种板材。此类板材是板式家具用材的主体部分，如图 1-2-21 所示。装饰板材不但可以遮盖人造板在纹理、材色等方面的缺陷，提高视觉冲击质感，还可以提高人造板的耐水性、耐污性、耐磨性、耐热性、耐老化性、刚性、尺寸稳定性等，对人造板的表面和边部起到一定的保护作用，大幅延长人造板的使用寿命。

图 1-2-20　木塑复合材料

图 1-2-21　装饰板材

　　人造板的装饰方法有很多种，饰面方法最为常见，一般采用装饰单板、浸渍胶膜纸、塑料薄膜、纺织物、金属对人造板进行装饰，在保护人造板的同时呈现出不同的装饰效果。

1. 装饰单板

　　装饰单板又称薄木或木皮，是采用刨切、旋切等方法加工制成的薄片状木材，厚度为 0.1 ～ 1mm。装饰单板主要分为天然薄木和重组薄木。

（1）天然薄木

　　天然薄木是指采用红胡桃木、樱桃木、枫木等天然木材制成的薄木，如图 1-2-22 所示。天然薄木纹理自然、淳朴，保留了木材的自然风情，但色彩变化单调；

图 1-2-22　天然薄木

后期加工痕迹较重，易出现挂脸、沾污等质量问题；同时，由于天然木材纹理存在不规则性，同一棵树上刨取的薄木在纹理上也不存在很大差异。

　　天然薄木既能遮盖人造板粗糙的外表，呈现出珍贵树种独有的木纹和色彩，又能满足人们对自然美的向往，并且在一定程度上降低了珍贵树种的消耗。天然薄木的种类较多，分类方式如表 1-2-2 所示。

表 1-2-2　天然薄木的分类

项目	类别
厚度	0.5 ～ 3mm 厚的厚薄木 0.2 ～ 0.5mm 厚的薄型薄木 0.05 ～ 0.2mm 厚的微薄木
制备工艺	锯切、刨切、旋切
纹理	径切纹、弦切纹、鸟眼纹等
树种	阔叶材、针叶材

由于珍贵树种的木材越来越少，因此薄木的厚度也日趋微薄。欧美国家常用0.7～0.8mm的厚度，日本常用0.2～0.3mm厚的微薄木，我国常用厚0.5mm左右的薄木。厚度越小对施工要求越高，对基材要求也越严格。

依据《装饰薄木》（SB/T 10969—2013），天然装饰木皮、薄木、集成装饰木皮、薄木和人造装饰木皮、薄木的外观质量需满足以下的规定，如表1-2-3和表1-2-4所示。

表1-2-3 天然装饰木皮、薄木外观质量要求

检验项目		各等级允许缺陷		
		优等品	一等品	合格品
变色		不易分辨	不明显	允许
针节	平均允许数量	不允许	2 个 /m²	允许
	黑色部分最大尺寸		3.2mm	4.2mm
	总尺寸		6.4mm	8.4mm
死节及修补的死节允许数量		不允许	不允许	2 个 /m²
死节最大允许尺寸				9.5mm
修补的节疤最大允许尺寸				4.2mm
修补的节疤平均允许数量				2 个 /m²
虫道		不允许	不明显	允许
夹皮		不允许	不允许	小于 3mm×25mm
腐朽		不允许	不允许	不允许
毛刺沟痕、刀痕、划痕		不允许	不明显	不允许
闭口裂缝		每平方米累计长度≤ 500mm	每平方米累计长度≤ 1500mm	允许
边、角缺损		尺寸公差范围内不允许		

表1-2-4 集成装饰木皮、薄木的外观质量要求

检验项目	各等级允许缺陷		
	优等品	一等品	合格品
花纹偏差	不易分辨	不明显	允许
材色不均	不允许	不明显	允许
拼口处明显色差	无	不明显	允许
拼缝线	不明显	不明显	允许
孔洞	不允许	1 个 /m²	3 个 /m²
单板脱落	不允许	30mm² 以下	允许
闭口裂缝	每平方米累计长度≤ 500mm	每平方米累计长度≤ 1500mm	允许
毛刺沟痕、刀痕	不允许	不明显	轻微
污染	不允许	不明显	允许

（2）重组薄木

随着珍贵木材资源日渐减少和保护生态意识的不断增强，以珍贵树种制备的天然薄木已不能满足日益增长的市场需要。榉木、枫木、橡木、胡桃木等进口木材虽然可缓解部分需求压力，但随着人们生活水平的提高，市场需求仍得不到满足。在这种激励的供需矛盾下，一种新颖材料——重组薄木（科技木薄木）应运而生，如图1-2-23

所示。

重组薄木是将普通树种旋切或刨切成单板染色，通过计算机模拟设计出珍贵树种的纹理和色彩，将单板层积制成木方，再经刨切制成具有珍贵树种的纹理和色彩的薄型装饰单板。重组薄木既保留了天然薄木的质感和色泽，又可有效剔除木材的天然缺陷，是一种环保、绿色的装饰材料。此外，重组薄木幅面大，规格一致，无须剔除缺陷，便于流水线和机械化作业，大幅提高了生产效率和生产利用率。

重组薄木不仅可以模拟天然木材，而且可以模拟大理石、花岗石等石纹，色泽更鲜亮，立体感更强。此外，重组薄木可起到变小为大、变废为宝的作用，不再受原木径级大小的限制，制品尺寸均匀一致，既满足了人们对不同树种装饰效果的需求，又缓解了珍贵树种的需求压力，还可提高连续化生产的效率。

重组薄木正逐步占领饰面材料的市场，颇受推崇和喜爱，现已成为室内装饰材料和家具制作用材的时尚选择。重组薄木除应用于人造板饰面外，还可用于室内墙面装饰、木质壁画以及商场、宾馆、酒楼等的装饰，如图 1-2-24 所示。

图 1-2-23　重组薄木

图 1-2-24　重组薄木墙面装饰

2. 浸渍胶膜纸

浸渍胶膜纸是以厚纸为原材料，经热固性树脂浸渍后制成的薄型饰面材料。经浸渍胶膜纸饰面的装饰板材具有表面光滑、花纹美观、色彩丰富艳丽、耐磨、耐腐蚀等特点，可应用于民用家具、办公家具、橱柜以及室内墙面和地面装饰。浸渍胶膜纸主要有三聚氰胺层压板和热固性树脂层压板。

（1）三聚氰胺层压板

三聚氰胺层压板是由表层纸、装饰纸和底层纸组成的多层结构，如图 1-2-25 所示。表层纸要求具有质地坚硬、耐磨、耐腐蚀等特点，以保护装饰纸的花纹；装饰纸要求具有良好

图 1-2-25 三聚氰胺层压板

的覆盖性、湿强度和印刷性，以呈现花纹图案并防止底层树脂渗入；底层纸要求具有一定吸收性和湿强度，以提高刚性和强度。此外，根据板材的性能要求，在装饰纸下会多加一层覆盖纸，在底层下多加一层隔离纸。三聚氰胺层压板具有耐热性、耐燃性、耐磨性、耐污性、耐酸碱性、强度高等特点。

由于制造三聚氰胺层压板时采用的是热固性塑料，所以耐热性优良，经 100℃ 以上的温度不软化、开裂和起泡，具有良好的耐烫、耐燃性。由于骨架是纤维材料厚纸，所以有较高的机械强度，其抗拉强度可达 90MPa，且表面耐磨。

三聚氰胺层压板的种类较多，一般按照以下方式进行分类，如表 1-2-5 所示。

表 1-2-5　三聚氰胺层压板的分类

分类方式	种类名称	特点
用途	平面板（代号 P）	具有高的耐磨性，用于平面装饰
	立面板（代号 L）	耐磨性一般，用于立面装饰
	平衡面板（代号 H）	仅具有一定的物理力学性能，作为平衡材料使用
外观	光型（代号 Y）	光泽度高，反射率可达 80% 以上
	柔光型（代号 R）	不产生定向反射光线，视觉舒适，光泽柔和
	双面型（S）	具有正反两个装饰面
	滞燃型（Z）	具有一定的滞燃性能

三聚氰胺层压板的常用规格为：915mm×915mm、1220mm×2440mm 等，厚度有 0.5mm、0.8mm、1.0mm、1.2mm、1.5mm、2.0mm 等。0.8 ～ 1.5mm 厚的三聚氰胺层压板常用于饰面，粘贴在纤维板、刨花板等人造板上；2mm 厚以上的可直接单独使用。

（2）热固性树脂层压板

热固性树脂层压板又称防火板，是由多层浸渍纸层压而成的一种装饰板，如图 1-2-26 所示。防火板的表层采用三聚氰胺树脂浸渍，以呈现纹理和色彩，芯层则采用酚醛树脂浸渍，以确保板材的耐腐蚀性、耐火性、耐水性等。防火板具有光洁度高、透明性好、图案丰富（仿木纹、仿石纹、仿皮纹）、防水

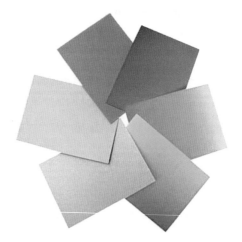

图 1-2-26　防火板

防潮、阻燃、耐化学品腐蚀、易清洗等特点，既能满足防火要求，又能起到良好的保护和装饰效果，可用于家具、橱柜、实验室台面、室内装饰等领域。但具有易脱胶、开裂等缺点。

根据工艺的不同，防火板可分为高压层压板（HPL）和连续层压板（CPL），两者采用的工艺设备分别是多层压机和连续钢带压机。根据光泽度的不同，防火板分为亮面、麻面和金属面等。

3. 塑料薄膜

常用塑料薄膜有聚氯乙烯（PVC）薄膜、聚酯（PET）薄膜、丙烯腈-丁二烯-苯乙烯三元共聚物（ABS）薄膜等。其中，PVC 薄膜是使用最普遍的一种，具有图案丰富、仿真性高、耐磨性好、防水性好、耐酸碱性好、易清洗、施工方便等特点。PVC 薄膜可用于办公家具、民用家具以及室内装饰领域，也可用于橱柜门板、家具门板的饰面。

（1）塑料薄膜的分类

按照立体效应分为 2D 膜（平面膜）、3D 膜（立体膜）；按照花纹分为木纹、单色、大理石纹等；按照硬度分为软膜和硬膜；按照层次感分为密纹、疏纹、山峰纹等；按照光泽度分为亚光和亮光。

（2）塑料薄膜的结构

塑料薄膜自上而下依次为图案印刷层、表面耐磨层（或 PET 贴合层）和 PVC 薄膜。PET 薄膜层可提高视觉效果和观赏效果，同时起到保护底层的作用。

（3）塑料薄膜的工艺

① 平贴。平贴是一种最常见的贴合工艺，即采用手工或机械滚压后贴合的工艺手段，可冷贴也可热贴。平贴法可用于音箱、礼品盒、家具等产品的贴合。采用平贴工艺时，基材需要具有较高的硬度和较好的平整性。

② 吸塑。吸塑是一种广泛用于包装、装饰、广告等行业的塑料贴合工艺，即将 PVC 薄膜软化后，通过真空吸附在基材的表面。吸塑工艺广泛用于办公家具、橱柜门、浴柜门等产品。其中，应用最为广泛的是吸塑门板。

吸塑门板又名模压门板，是橱柜门板最为主要的材料之一。吸塑门板是以中密度板为基材，经雕刻、裁切等加工工序，再将 PVC 薄膜通过真空吸塑后而成形的一种装饰板材，如图 1-2-27 所示。吸塑门板具有色彩丰富，造型立体、独特、多样，门板不易变形等多种优点，由于经过吸塑模压后能将门板四边封住成为一体，不需再封边，因此不会有板材封边开胶的问题。

吸塑门板的优劣一般根据膜的品牌来区分，国产吸塑 PVC 贴膜很多质量不稳定、基材差、容易变形，而且 PVC 的耐磨、耐刮等性能要差些。进口 PVC 贴膜的材质精良，环保性能良好，外观细腻，高档吸塑膜的拉伸率高，做出来的门板造型深。

4. 封边材料

人造板在表面装饰后，侧面还暴露在外，不仅影响产品外观，而且在应用时易磕碰边角，导致饰面材料起层或剥落，甚至破坏整个板材。封边处理方法有涂饰法、封边法、包边法和镶边法等。其中，封边法是最常用的方法，主要有直线封边、异型封边。常用封边材料有实木封边条、PVC 封边条等。

（1）实木封边条

实木封边条为 0.5mm 厚、5 ～ 300mm 宽的卷状产品，具有封边效果好、方便快捷、利用率高等特点。实木封边条在使用时应提前考察含水率，其数值不宜过高，最佳含水率为 8% ～ 10%，且应储存在阴凉和干燥的空间。

（2）PVC 封边条

PVC 封边条的表面可附有木纹、大理石纹、布纹等花纹和图案，同时具有一定的光洁度和装饰性，而且具有一定耐热性、耐腐蚀性、抗冲击性等，如图 1-2-28 所示。

图 1-2-27　吸塑门板

图 1-2-28　PVC 封边条

✖ 拓展学习

① 秸秆人造板的应用现状和发展前景。

② 木塑复合材的种类与应用

✐ 问题思考

① 板式家具与实木家具的区别有哪些？

② 4 种常见的板式材料独有的特点是什么？

③ 各装饰板材分别采用的饰面材料是什么？

▤ 任务单

任务单见表 1-2-6。

表 1-2-6　任务单

任务单				
任务名称		小组编号		
日期		课节		
组长		副组长		
其他成员				
任务讨论与方案说明				
方案实施与选材要点				
存在问题与解决措施				
选材方案展示				
任务评价（评分）：				
任务完成情况分析				
优点：		不足：		

任务三

木质家具胶黏剂和涂料

▶ 任务布置

　　张女士计划定制一套板式橱柜，设计方案已经确定，装饰板材的花色也已经确定，但是考虑到甲醛释放的安全隐患，张女士在犹豫是否签订合同。因此，现需要充分了解木质家具胶黏剂和涂料的组分与甲醛等有害物质释放量的情况,务必详尽地介绍给张女士,打消其顾虑。

> **任务目标**

　　知识目标:

　　① 掌握木质家具常用胶黏剂的组分和甲醛释放情况;

　　② 掌握木质家具常用涂料的组分和特点。

　　能力目标:

　　① 能够根据人造板采用的胶黏剂种类判断甲醛释放情况;

　　② 能够根据木质家具的外观需求合理选用涂料。

　　素质目标: 培养学生严谨的工作态度和批判精神。

📖 任务指导

　　在家具与室内装饰领域,胶黏剂和涂料都具有举足轻重的作用。无论是集成板材、集成方材等胶接木,还是胶合板、刨花板、纤维板等人造板,都离不开胶黏剂。木制品和家具品质的提高更离不开涂料。

一、木质家具胶黏剂

　　在家具制造中,胶黏剂是不可缺少的重要材料,如板材的拼接、零部件的安装,尤其是各类人造板的制造,更是会消耗大量的胶黏剂。胶黏剂按原料分为天然和合成胶黏剂;按受热物态分为热固性胶黏剂、热塑性胶黏剂和热熔性胶黏剂。常用的胶黏剂有醛类胶黏剂、橡胶类胶黏剂、聚氨酯胶黏剂等。

1.醛类胶黏剂

　　醛类胶黏剂指的是传统意义上的"三醛胶黏剂",分别是脲醛树脂胶黏剂、酚醛树脂胶黏剂和三聚氰胺树脂胶黏剂。

(1) 脲醛树脂胶黏剂(UF)

　　脲醛树脂胶黏剂是由尿素和甲醛在一定 pH 值条件下反应而成的一种合成树脂,为中等耐水性胶黏剂。脲醛树脂胶黏剂呈乳白色或淡黄色,常制成水溶液状、泡沫状、粉末状以及膏状使用。脲醛树脂胶黏剂最大的特点是固化后的胶层无色,且具有胶接工艺性能好、成本低、润湿性好等优点。脲醛树脂胶黏剂是木质家具制造中用量最大的合成树脂胶黏剂,特别是用于室内家具的人造板。脲醛树脂胶黏剂还可用于纺织品、纸张、乐器、肥料等。但脲醛树脂胶黏剂存在胶层脆、易老化等缺点,致使胶接制品的质量难以保证。此外,脲醛树脂胶黏剂在使用过程中会释放游离甲醛,是室内装饰装修中存在的重大安全隐患,常在制备过程中加入甲醛捕捉剂来降低游离甲醛的含量。

（2）酚醛树脂胶黏剂（PF）

酚醛树脂胶黏剂是由酚类与醛类在催化剂作用下形成的树脂，为高耐水性胶黏剂，可作为室外胶黏剂使用。酚醛树脂胶黏剂是工业化最早的合成高分子材料，用量仅次于脲醛树脂胶黏剂。酚醛树脂胶黏剂的颜色较深，呈棕色。酚醛树脂胶黏剂具有耐老化性好、耐热性好、胶接强度高等优点，但其脆性大、易龟裂、固化时间长、固化温度高，胶接时对板材的含水率要求较高，在使用上受到一定的限制。酚醛树脂胶黏剂可用于I类胶合板、装饰胶合板、木材层积塑料以及纤维板等的胶接。此外，酚醛树脂胶黏剂含有易燃溶剂，加热固化时还会有苯酚和甲醛气味，因此应注意通风防火，且密封储存。

（3）三聚氰胺树脂胶黏剂（MF）

三聚氰胺树脂胶黏剂是三聚氰胺甲醛树脂胶黏剂的简称，是由三聚氰胺与甲醛经催化剂作用而成的无色透明状合成树脂。三聚氰胺树脂胶黏剂在家具制造中主要用于PVC饰面板、防火板的装饰纸及表层纸、人造板饰面纸的浸渍。三聚氰胺树脂胶黏剂具有热稳定性好、硬度大、耐磨性好、耐污性好、耐化学品腐蚀性好等优点。三聚氰胺树脂胶黏剂最大的特点是低温固化能力强，即在较低的温度下就能实现快速固化，大幅提高了生产效率。此外，三聚氰胺树脂胶黏剂还具备在高温条件下保持原本颜色和光泽的能力。但受限于三聚氰胺树脂胶黏剂的高强度和高脆性，常常出现开裂的现象。三聚氰胺树脂胶黏剂在价格上也高于其他醛类胶黏剂。

2. 聚乙酸乙烯酯乳液（PVAc）

聚乙酸乙烯酯乳液是以乙酸乙烯酯单体在分散介质中经乳液聚合而成的一种合成乳液，俗称白乳胶或乳白胶。聚乙酸乙烯酯乳液具有固化快、胶层无色透明、无毒无害、易清洗、韧性好、可储存等优点。此外，聚乙酸乙烯酯乳液最大的特点是对木材、皮革、陶瓷等多孔性材料具有较强的胶接能力，可作为动物胶的代用品用于家具制造。但聚乙酸乙烯酯乳液的耐水性、耐湿性、耐热性差，因此，其使用范围仅限于室内用制品。

3. 水性高分子异氰酸酯胶黏剂（API）

水性高分子异氰酸酯胶黏剂是以水性高分子聚合物、乳液、填料为主剂，与以多官能度异氰酸酯化合物（通常为P-MDI）为主要成分的交联剂所构成的。水性高分子异氰酸酯胶黏剂的主剂为乳白色，交联剂为黑褐色，两组分混合后，变成褐色至茶褐色，固化后的胶膜呈黄色至黄褐色，与木材的颜色相近。水性高分子异氰酸酯胶黏剂呈中性，无甲醛、苯酚等有害物质，常温加压下便可固化。水性高分子异氰酸酯胶黏剂主要用于集成材、空心板、胶合板等人造板的加工制造。

4. 热熔树脂胶黏剂

热熔树脂胶黏剂是一种由热塑性高分子聚合物组成，常温时为固体，加热时熔融为流体，冷却时迅速固化而实现胶接的高分子胶黏剂。热熔树脂胶黏剂因聚合物种类的不同而有很多种，主要有乙烯-乙酸乙烯共聚树脂热熔胶（EVA）、乙烯-丙烯酸乙酯共聚树脂热熔胶（EEA）、聚酰胺树脂热熔胶（PA）、聚酯树脂热熔胶（PES）、反应型热熔胶（PU-RHM）等，其中，EVA是家具制造中用量最多的一种。

EVA热熔胶具有胶接强度高、柔韧性好、耐寒性好、流动性好、施胶方便、价格低、耐热性差等特点。EVA热熔胶可用于纸类材料、塑料、木材、金属、皮革和织物等的胶接，还用于人造板封边、拼接板等领域。

除上述胶黏剂外，木质家具胶黏剂还包括聚氨酯胶黏剂、环氧树脂胶黏剂、蛋白质胶黏剂等。

二、木质家具涂料

木质家具涂料是一种有机高分子胶体混合物的溶液或粉末，旧称"油漆"，随着合成高分子材料的高速发展，合成树脂漆的种类越来越多，故更名为涂料。涂料由主要成膜物质、次要成膜物质和辅助物质组成。成膜物质主要是油料和树脂，既可单独成膜，也可以黏结颜料等物质成膜。

木制品或部分人造板在使用前必须进行涂饰处理，目的是起到装饰和保护的作用，而装饰效果主要取决于涂料的种类、性能和工艺。木质家具涂料主要有硝基漆（NC）、聚氨酯漆（PU）、不饱和聚酯漆（PE）、酸固化氨基漆（AC）、紫外光固化漆（UV）和水性木器漆等。这些涂料的性能不同，用途上各有侧重。

1. 硝基漆（NC）

硝基漆又称硝酸纤维素漆，是以硝化棉为主要成膜物质的一类涂料。硝基漆是以硝化棉、合成树脂、增塑剂、溶剂和稀释剂组合而成的涂料，再加入颜料以呈现不同的色调和遮盖性。不含颜料的品种称为硝基清漆，含颜料的品种有硝基磁漆、硝基底漆与硝基腻子等。硝基漆具有干燥快、涂膜坚硬、抛光性好、可打磨、机械强度高、耐水性好、耐化学品腐蚀性好等优点，但固含量低，工艺烦琐，施工周期长。硝基漆广泛用于高级家具、乐器、铅笔等涂饰，还可作为封闭底漆或面漆使用。值得注意的是，硝基漆在潮湿环境中施工时，会出现"发白"的现象，这主要是由于涂层中的大量溶剂迅速挥发所引起的，此时应立即停止施工或提高施工环境温度。

2. 聚氨酯漆（PU）

聚氨酯漆又称聚氨基甲酸酯漆，是一种新型涂料。聚氨酯漆是以聚氨酯树脂为基础的一类涂料。聚氨酯是多元醇与多元酸的缩聚产物。聚氨酯漆分为饱和聚氨酯漆和不饱和聚氨酯漆，在木家具上主要用不饱和聚氨酯漆。聚氨酯漆具有漆膜坚硬耐磨、韧性好、附着力强、抛光性好，以及耐水性、耐热性、耐候性、耐酸碱性好等优点。

聚氨酯漆固体成分含量很高，涂饰一次的漆膜厚度可达 200 ～ 300μm，施工简单，不需砂磨与抛光。但聚氨酯漆中释放的游离甲苯二异氰酸酯（TDI）对人体存在危害，一般症状为咳嗽胸闷、气急哮喘、红色丘疹等，因此应注意通风、换气，国际上对于游离 TDI 的限制标准是控制在 0.5% 以下。聚氨酯漆可用于家具、门窗、木地板、文体用品的涂饰。

3. 不饱和聚酯漆（PE）

不饱和聚酯漆为无溶剂型涂料，成膜时无任何溶剂挥发，无毒无害，固含量近 100%，涂饰一次便可得到较厚的漆膜，施工周期短。不饱和聚酯漆具有漆膜丰满耐磨、光泽度高、透明性好，以及耐热性、耐寒性、耐酸碱性好等优点，但漆膜打磨困难，不可修补。不饱和聚酯漆只适于涂饰平面，难以涂饰边线和凹凸线条等小面积区域。此外，促进剂与引发剂不可与其直接接触，否则会爆炸，引起火灾。不饱和聚酯漆可用于人造板饰面、家具、钢琴等的涂饰。

4. 光敏漆（UV）

光敏漆又称光固化涂料，其涂层必须在一定波长的紫外线照射下才能固化。光敏漆为无溶剂型涂料，固含量近 100%，涂饰一次便可得到较厚的漆膜。光敏漆具有干燥快、强度大、透明性好、成本低等优点，但施工条件较为苛刻，仅可涂饰平面，投入成本较高，漆膜质感不及 PU 漆，光引发剂会加速漆膜老化。光敏漆可用于人造板、地板等涂饰，还可用于底漆、面漆。

5. 水性漆（W）

水性漆是以水作为稀释剂的漆。水性漆具有无毒无害、生态环保、不燃不爆、不黄变、涂刷面积大、成本低、施工便利、易清洗等优点。水性漆广泛应用于内外墙、金属、汽车等的涂饰。

除上述涂料外，木质家具涂料还有酚醛树脂漆、醇酸树脂漆、丙烯酸酯漆、油脂漆、天然树脂漆等。

拓展学习

① 生物质改性胶黏剂的特点和优势。
② 酚醛树脂漆、醇酸树脂漆、丙烯酸酯漆的特点和应用。

问题思考

① 木质家具常用胶黏剂有哪些？甲醛释放情况如何？

② 木质家具常用涂料有哪些?

任务单

任务单见表 1-3-1。

表 1-3-1 任务单

任务单			
任务名称		小组编号	
日期		课节	
组长		副组长	
其他成员			
任务讨论与方案说明			
方案实施与选材要点			
存在问题与解决措施			
选材方案展示			
任务评价（评分）：			
任务完成情况分析			
优点：		不足：	

任务四
木质家具五金配件

> **任务布置**

　　王先生需要定制一套板式衣柜，装饰板材的花色已经确认。现需要在定制家具设计方案的基础上合理选用五金件，以确保本套板式衣柜的美观性、功能性和安全性，并在一定程度上降低成本。

> **任务目标**

　　知识目标：了解木质家具常用五金配件的种类和特点。

　　能力目标：能够根据木质家具的规格合理选用五金配件。

　　素质目标：培养严谨的工作态度和分析问题、解决问题的能力。

📖 任务指导

　　在木质家具中，起到连接、活动、紧固、支撑等作用的家具配件称为五金配件。传统实木家具采用榫卯结构将多个木质零件组成家具，但榫卯结构的连续化生产效率非常低，不能满足当今时代对木质家具的需求。现代实木家具较多采用榫卯结构配合五金配件和胶黏剂进行组装。而板式家具的基材部分，均采用胶合板、刨花板、纤维板等人造板，此类板材内部已不存在木材的原始纤维形态，仅依靠胶黏剂维持自身强度，很难通过自身强度实现彼此之间的连接，因此，人造板只能采用五金配件进行组装。由此可见，五金配件在木质家具中具有至关重要的地位，不但起到一定的连接和固定作用，而且具有一定的装饰性。木质家具常用的五金配件有连接件、铰链、抽屉滑轨和层板销。

一、连接件

　　连接件又称紧固连接件，是将各板材连接到一起的五金件，以确保板材固定，不做相对运动，常用于柜类家具旁板与水平板以及背板的连接。连接件主要有偏心式连接件、螺旋式连接件。

1. 偏心式连接件

（1）三合一偏心连接件

　　三合一偏心连接件由偏心轮（偏心螺母）、连接杆及预埋螺母（倒刺螺母）组成，如图 1-4-1 所示。由于连接杆直径比孔径小，因此常使用定位圆棒榫和三合一偏心连接件配合使用，防止板件之间滑移。三合一偏心连接件的安装方式如图 1-4-2 所示。

图 1-4-1　三合一偏心连接件

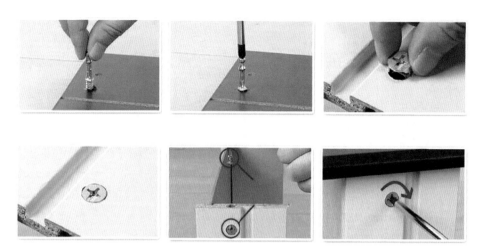

图 1-4-2　三合一偏心连接件的安装方式

（2）二合一偏心连接件

相对三合一偏心连接件，二合一偏心连接件没有预埋螺母，通过自攻螺纹可直接与板件结合，如图 1-4-3 所示。

（3）快装式偏心连接件

快装式偏心连接件由偏心轮和膨胀连接杆组成。当偏心轮与连接杆接触时，连接杆上的圆锥体会扩张，从而实现连接，如图 1-4-4 所示。

图 1-4-3　二合一偏心连接件

图 1-4-4　快装式偏心连接件

2.螺旋式连接件

螺旋式连接件由螺栓与螺母组成。螺旋式连接件的螺钉或螺栓头部在安装后会外露，影响美观，如图 1-4-5 所示。

与螺旋式连接件相比，三合一连接件不外露，不影响家具美观，但预埋件对孔壁有破坏，易松动，适用于柜类及桌类家具。而螺旋式连接件外露，影响美观，但板孔破坏小，结合强度高，适用于床类家具。

二、铰链

铰链又称合页，主要用于柜门和侧板的连接，起到开启和关闭的作用。常用铰链有合页铰链、隐藏式铰链、翻板门铰链等。

1.合页铰链

合页铰链又称为明铰链，安装时部分外露于家具表面，如图 1-4-6 所示。由于合页铰链在安装时部分外露，影响家具的外观，现已逐步退出市场。

图 1-4-5　螺旋式连接件

图 1-4-6　合页铰链

2.隐藏式铰链

隐藏式铰链又称暗铰链，由铰杯、铰臂、铰链连接杆、铰链底座四部分组成，如图 1-4-7 所示。安装时将铰链底座安装在侧板上，铰杯安装在门板上。

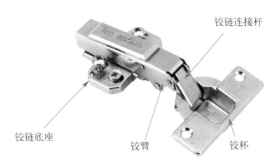

铰链连接杆

铰链底座

铰臂

铰杯

图 1-4-7　隐藏式铰链

暗铰链按照门板与侧板显露方式分为直臂铰链、小曲臂铰链和大曲臂铰链，分别对应盖门、半盖门和嵌门三种装饰效果。盖门指门板将侧板完全遮盖，半盖门指门板遮盖侧板的一半，嵌门指门板不遮盖侧板，如图 1-4-8 所示。

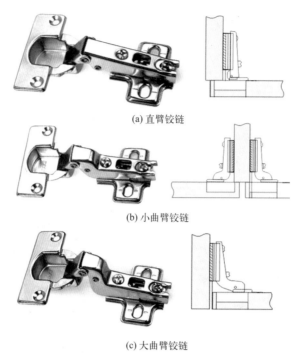

(a) 直臂铰链

(b) 小曲臂铰链

(c) 大曲臂铰链

图 1-4-8　暗铰链的三种类型

　　随着门板高度的不同，暗铰链的数量也有差别。一般而言，高度在 900mm 以下的门板需要 2 个铰链，高度在 900～1600mm 的门板需要 3 个铰链，高度在 1600～2000mm 的门板需要 4 个铰链，高度在 2000～2400mm 的门板需要 5 个铰链。

三、抽屉滑轨

　　抽屉滑轨主要用于抽屉推拉。抽屉滑轨按照滑动方式分为滚轮式滑轨和滚珠式滑轨，如图 1-4-9 和图 1-4-10 所示。抽屉滑轨有托底式、侧板式等。

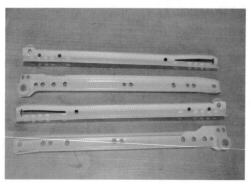

图 1-4-9　滚轮式滑轨

图 1-4-10　滚珠式滑轨

抽屉滑轨的尺寸有 250mm、300mm、400mm、450mm、500mm、550mm、600mm 等。抽屉滑轨安装在侧板上的部分应满足 32mm 系统关系，为防止滑道与抽屉底板刮蹭，安装时需预留 2mm 的安装间隙。

四、支撑件

支撑件又称层板销，是用于支撑层板（隔板）的部件，分为活动层板销和固定层板销。活动层板销适于活动层板，不破坏层板；固定层板销适于固定层板，结构强度更高，如图 1-4-11 和图 1-4-12 所示。

图 1-4-11　活动层板销

图 1-4-12　固定层板销

🧩 拓展学习

① 榫卯结构——中华民族传统文化的瑰宝（扫封底二维码阅读）。

② 特种铰链的种类与应用。

✏️ 问题思考

① 木质家具常用的五金配件有哪些？

② 根据盖门方式的不同，如何选用暗铰链？

📋 任务单

任务单见表 1-4-1。

表 1-4-1　任务单

任务单			
任务名称		小组编号	
日期		课节	
组长		副组长	
其他成员			

任务讨论与方案说明

方案实施与选材要点

存在问题与解决措施

选材方案展示

任务评价（评分）：

任务完成情况分析	
优点：	不足：

家具与室内装饰材料

项目二

非木质家具材料

相比于实木家具和板式家具，非木质家具是一种新性能的家具，具有色彩鲜艳、形状各异、轻便小巧、适用面广、保养方便等特点，深受广大消费者青睐。非木质家具材料主要包括塑料、金属和玻璃。塑料、金属和玻璃材料均有各自鲜明的特点，现已逐步走进家具和室内装饰领域，极大限度地满足了消费者的需求。

任务一
塑料

> **任务布置**
> 李女士计划选购几样塑料产品，用于点缀整体室内装饰环境，综合考虑产品造价、外观美感、质感优劣等方面，最终制定选用方案，完成任务。
>
> **任务目标**
> 知识目标：了解塑料的种类和特点。
> 能力目标：能够根据客户需求合理选用塑料。
> 素质目标：培养学生树立正确的人生目标。

📖 任务指导

塑料是以合成树脂或天然树脂为主要原料，添加填料、助剂后，在一定温度、压力下，经混炼、塑化、成型等工序而制成的一种高分子有机化合物，而且是一种能够在常温下保持产品形状不变的材料。在家具制造或室内装饰领域，塑料除了能够代替木材、金属等材料之外，还具有降低自重、提高效率、易于施工等特点。

一、塑料的特性

塑料具有质轻、耐腐蚀性好、防虫性好、工艺简单、品种繁多等优点，但耐热性差、易老化、力学性能差。

1. 加工特性好

根据应用需求，塑料可制成多种形状的产品，工艺流程简单，可实现机械化大规模生产。

2. 质轻

塑料的密度为 $0.8 \sim 2.2\text{g/cm}^3$，是钢材的 1/4 ~ 1/3，铝材的 1/2，混凝土的 1/3，与木

材相近。

3. 比强度高

塑料的比强度远高于水泥混凝土，接近甚至超过钢材，是一种轻质高强的材料。

4. 导热率低

塑料的热导率为 0.12 ~ 0.80W/（m·K），为金属的 1/600 ~ 1/500。泡沫塑料的热导率为 0.02 ~ 0.046W/（m·K），约为普通黏土砖的 1/20，水泥混凝土的 1/40，金属的 1/1500，是良好的绝热材料。

5. 耐腐蚀性好

相比于金属材料和一些无机材料，塑料对一般的酸、碱、盐及油脂都具有较好的耐腐蚀性。

6. 电绝缘性好

塑料具有良好的电绝缘特性，可与陶瓷、橡胶等具有电绝缘特性的材料相媲美。

7. 装饰性好

塑料可制成透明制品，也可制成带有特定颜色的制品，还可通过印刷、压花、电镀、烫金等技术制成具有丰富图案的制品。

8. 易老化性

易老化是塑料的一大弱点，是缩短塑料制品使用寿命，造成塑料制品降等最主要的原因。塑料受氧气、酸、碱、盐等作用，会出现分子降解、增塑剂迁移等一系列理化反应，导致塑料变硬、变脆、变色甚至破坏，丧失力学性能及使用功能，称为塑料的老化。塑料的老化有热老化、光老化、化学腐蚀老化等。因此，为提高塑料的抗老化性，可添加抗氧化剂、热稳定剂等添加剂减缓塑料的老化速度。

9. 易燃性

塑料的基体是由 C 和 O 元素构成的，具有较强的易燃性，且在燃烧时会释放大量的烟及一氧化碳、苯酚等有毒物质，引起窒息，导致死亡，因此，应注意在建筑物某些容易蔓延火焰的部位不使用塑料制品。为改善塑料的易燃性弊端，在塑料制品的配方中加入阻燃剂以提高阻燃性，可生产出具有自熄、难燃等特性的制品，但是其防火性仍应格外注意。

10. 承重性差

塑料在荷载的作用下易发生变形，且变形会越来越大，甚至被破坏，作为承重构件时应慎重。

二、常用塑料的种类

塑料种类繁多，分类方式也较多，最全面的分类方式是按照热性能进行分类。塑料按热性能可分为热塑性塑料和热固性塑料两大类。热塑性塑料和热固性塑料在受热时所发生的变化不同，其耐热性、强度、刚度也有所不同。

1. 热塑性塑料

热塑性塑料受热时软化，冷却后硬化，且不发生化学变化，可重复加热和冷却，具有较高的力学性能，但耐热性及刚性较差。典型的热塑性塑料有聚乙烯、聚氯乙烯、聚丙烯、聚苯乙烯、聚甲基丙烯酸甲酯、ABS 塑料等。

（1）聚酯塑料（PET）

聚酯塑料全称为聚对苯二甲酸乙二醇酯，具有透明度高、耐化学品腐蚀性好、防水性好的优点，但耐热性较差，耐热最高温度为 70℃，仅可用于暖饮或冻饮，遇高温易变形，并释放有害物质。

（2）聚乙烯塑料（PE）

聚乙烯塑料为热塑性塑料，外观呈乳白色，具有无毒无味、密度小、化学性能稳定、绝缘性好、易加工等优点，但耐热性差、易老化。

聚乙烯塑料分为高、中、低三种密度。高密度聚乙烯（HDPE）分子量较大，具有质地坚硬、耐热性好、耐磨性好、机械强度高等优点。低密度聚乙烯（LDPE）分子量较小，具有质地柔软、弹性好、透明度高、软化点低等优点，主要用于饰面薄膜和包装材料。

（3）聚氯乙烯塑料（PVC）

聚氯乙烯塑料是以 PVC 树脂为原料，加入稳定剂、填料、着色剂及润滑剂等而合成的一种塑料。聚氯乙烯塑料具有绝缘性好、强度高、耐候性强、耐腐蚀性强等优点，但热稳定性较差。

根据增塑剂的添加与否，将聚氯乙烯塑料分为硬质聚氯乙烯和软质聚氯乙烯。若在添加剂中加入增塑剂，聚氯乙烯塑料为软质聚氯乙烯；若不加增塑剂，聚氯乙烯塑料则为硬质聚氯乙烯。硬质聚氯乙烯主要用于壳体、管材等方面；软质聚氯乙烯主要用于贴面、封边、人造革、壁纸等方面。此外，聚氯乙烯塑料具有超强的可塑性，可以制成椅子、储物柜、书桌等大型家具，且能实现一次成模，如图 2-1-1 所示。

（4）聚丙烯塑料（PP）

聚丙烯塑料是由丙烯聚合而成的一种热塑性树脂，为半透明无色固体，具有无毒无味、质轻、化学稳定性好、耐腐蚀、绝缘性好、机械强度高、易加工成型等优点，但耐低温性较差、易老化。聚丙烯薄膜具有一定的强度和透明度，可用于包装、灯具等领域。此外，聚丙烯塑料的耐弯曲疲劳性优良，可反复弯折几十万次到几百万次不断裂。

（5）丙烯腈-丁二烯-苯乙烯共聚物（ABS）

丙烯腈-丁二烯-苯乙烯共聚物为淡黄色不透明颗粒，具有硬度大、抗冲击性强、光泽度高、耐热性好、耐低温性强、耐化学品腐蚀性好、易加工、易着色、尺寸稳定等优点，具备"韧、硬、刚"的综合性能。ABS树脂可用于家电、行李箱等制品的外壳，如图2-1-2所示。此外，ABS树脂已成为人造板饰面材料的新宠。ABS树脂饰面人造板具有更加优良的表面性能，极大限度地提升了产品的质量，为消费者带来全新的体验。

图 2-1-1　PVC 家具

图 2-1-2　ABS 树脂行李箱

（6）亚克力 (PMMA)

亚克力具有质地坚韧、无色透明、表面光滑、色彩艳丽、密度小、强度较大、耐腐蚀、耐潮湿、防晒性能好、绝缘性能好、隔声性好、光泽度类似玻璃等特点，广泛用于饭店、宾馆和高级住宅的采光体，以及卫生洁具类的浴缸、洗脸盆、化妆台等产品。其外观豪华、易清洗、强度高、重量轻且使用舒适，如图2-1-3和图2-1-4所示。

2. 热固性塑料

热固性塑料受热时软化，冷却后硬化，但硬化后不能再次软化，且发生化学变化，其耐热性及刚度较好，但机械强度较差。典型的热固性塑料有酚醛树脂、环氧树脂、氨基树脂、不饱和聚酯树脂及聚硅醚树脂等塑料制品。

图 2-1-3　亚克力浴缸

图 2-1-4　亚克力洗脸盆

（1）酚醛树脂塑料

酚醛树脂塑料具有良好的力学性能、电绝缘性、耐水性、耐热性、耐腐蚀性。

（2）环氧树脂塑料

环氧树脂塑料的黏性强、强度高、化学性能稳定，性能优异，但造价较高。

（3）氨基树脂塑料

氨基树脂塑料具有保温性好、隔热性好、防水性好等优点，可用于生产彩色装饰板。

三、塑料家具制品

相比于实木家具和板式家具，以新型家具形态出现的塑料家具在制作工艺和生产成本上具有独特的优势。

1. 塑料家具制品的特性

（1）色彩丰富

根据消费者对颜色的喜好，塑料家具可调配出各种各样的颜色种类，且同种颜色的光亮度和饱和度也有所不同。此外，塑料家具的颜色并非单一纯色，而是可调配出多种多样的彩色形式以满足不同消费者和室内装饰的特定需求。

（2）造型多样

塑料家具制品的成型工艺简单，易于制造多种形态的塑料家具，且在一定程度上可降低生产成本，实现批量生产。

（3）质轻便捷

相比于实木家具和板式家具，塑料家具最大的特点是质轻，且设计灵活性，可以设计成折叠形式，便于携带或者搬运。

2. 塑料家具制品的应用

塑料在家具制品中的应用主要体现在公共坐椅方面，如沙发、吧台椅、办公椅等，如图 2-1-5 ～图 2-1-7 所示。

图 2-1-5　塑料球椅

图 2-1-6　塑料吧台椅

此外，塑料制品在室内装饰领域也有广泛的应用，主要集中在顶棚装饰材料、墙面装饰材料和地面装饰材料。

塑料制品应用在顶棚装饰中的主要品种有 PVC 扣板和采光板，如图 2-1-8 和图 2-1-9 所示。

图 2-1-7　塑料办公椅

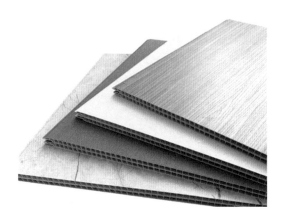

图 2-1-8　PVC 扣板

图 2-1-9　采光板

塑料制品应用在墙面装饰材料的主要品种有塑料壁纸、塑料人造革、铝塑板等，如图 2-1-10～图 2-1-12 所示。

塑料制品应用在地面装饰中的主要品种有塑料地板、塑料地毯等，如图 2-1-13 和图 2-1-14 所示。

图 2-1-10 塑料壁纸

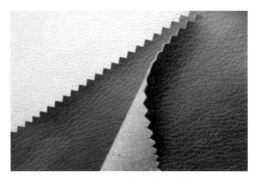

图 2-1-11 塑料人造革

图 2-1-12 铝塑板

图 2-1-13 塑料地板

图 2-1-14 塑料地毯

拓展学习

① 室内装饰用塑料管材的种类。

② ABS 树脂饰面板材的特点与应用。

问题思考

① 常用塑料都有哪些?

② ABS 树脂的特点是什么?

任务单

任务单见表 2-1-1。

表 2-1-1 任务单

任务单			
任务名称		小组编号	
日期		课节	
组长		副组长	
其他成员			
任务讨论与方案说明			
方案实施与选材要点			
存在问题与解决措施			
选材方案展示			
任务评价（评分）：			
任务完成情况分析			
优点：		不足：	

任务二

金属

> **任务布置**

　　李女士计划选购几样金属产品，用于点缀整体室内装饰环境，综合考虑产品造价、外观美感、质感优劣等方面，最终制定选用方案，完成任务。

> **任务目标**

　　知识目标：了解金属材料的种类和特点。

　　能力目标：能够根据客户需求合理选用金属材料。

　　素质目标：培养学生树立正确的家国情怀。

📖 任务指导

　　金属材料具有独特的光泽与颜色，质地坚韧、张力较大，具有很强的防腐和防火性能。熔化后可借助模具铸造，固态时可以通过碾轧、压轧、锤击、弯折、切割、冲压和车旋等机械加工方式制造各类构件，可满足家具多种功能的使用要求，适宜塑造灵巧优美的造型。同时，可根据设计，与玻璃、皮革等其他材料结合，更能充分显示现代家具的特色，成为推广最快的现代家具材料之一。金属材料的优点是能反射光与热，可用于薄壳构造，不易污损，可保持表面清洁，易与其他材料形成很好的配合；缺点是缺乏色彩，以及对加工设备及费用均有一定要求。

　　金属材料分为黑色金属和有色金属两大类。黑色金属主要指的是铁（还包括铬和锰）及其合金，在实际生活中主要使用铁碳合金，即铁和钢。有色金属是指除黑色金属以外的其他金属，如铜、铝、铅、锌等金属及其合金，也称作非铁金属。

一、铁金属

　　铁金属包括铁与钢，其强度和性能受碳元素的影响，含碳量少时，质软而强度小，容易弯曲而可锻性大，热处理效果欠佳；含碳量多时，质硬，可锻性降低，热处理效果好。根据含碳量标准，铁金属分为铸铁、锻铁和钢三种基本形态。

1. 铸铁

　　含碳量在2%以上的铁（并含有磷、硫、硅等杂质），称为铸铁或生铁，如图2-2-1所示。其晶粒粗而韧性弱，硬度大而熔点低，适合铸造各种铸件。铸铁主要用在需要有一定重量的部件上。家具中的某些铸铁零件（如铸铁底座、支架及装饰件等）一般用灰铸铁制造。

图 2-2-1　铸铁坐椅

铸铁可分为灰口铸铁、白口铸铁、可锻铸铁、球墨铸铁、蠕墨铸铁和合金铸铁。

2. 锻铁

含碳量在 0.15% 以下的铁（用生铁精炼而成），称为锻铁、熟铁或软钢，如图 2-2-2 所示。其硬度小而熔点高，晶粒细而韧性强，不适于铸造，但易于锻制各种器物。利用锻铁制造家具的历史较久，传统的锻铁家具多为"大块头"，造型上繁复粗犷者居多，是一种艺术气质极重的工艺家具，或称铁艺家具。现代锻铁家具线条玲珑，气质优雅，款式方面更趋于多元化，由繁复的构图到简洁图案装饰，式样繁多，能与多种类型的室内设计风格配合。

图 2-2-2　锻铁床架

3.钢

钢的含碳量为 0.03% ~ 2%，制成的家具强度大、断面小，能给人一种沉着、朴实、冷静的感觉，如图 2-2-3 所示。钢材表面经过不同的技术处理，可以加强其色泽和质地的变化，如钢管电镀后有银白而略带寒意的光泽，减少了钢材的重量感。不锈钢属于不发生锈蚀的特殊钢材，可用于制造现代家具的组件。

图 2-2-3　钢材家具

二、铝及铝合金材料

铝元素占地壳组成的 8.31%，在自然界中是以化合物的形式存在的，如铝矾土、高岭石、明矾石等。目前铝及铝合金在家具、装饰材料、室内结构材料、灯具和其他生活用品中都有广泛应用。铝合金板如图 2-2-4 所示。

铝属于有色金属中较轻的一种，密度仅为钢铁的 1/3。铝的表面为银白色，反射光的能力强。铝的导电性和导热性仅次于铜，可用于制作导电与导热材料。铝的延展性良好，可塑性强，可以冷加工成板材、管材、线材及厚度很薄的铝箔，并具有极高的光、热反射比。铝的强度和硬度较低，为提高铝的使用价值，常加入铜、镁、硅、锰、锌等合金元素形成各种类别的铝合金以改变铝的某些性质。铝合金既保持了铝质量轻的特性，同时，力学性能明显提高，大大提高了使用价值。并以它特有的力学性能和材料特性广泛地应用于现代金属家具结构框架、五金配件等，如用铝合金与玻璃等材料结合制成的满足不同功能的各类家具等，体现出结构自重小、不变形、耐腐蚀、隔热隔潮等优越的性能。

图 2-2-4　铝合金板

1. 铝合金装饰板材

普通铝合金板材包括用工业纯铝、防锈铝和硬超铝冷轧或热轧的标准板材。这些板材表面装饰性差，在家具中较少直接使用。一般都是用它做基材，经各种装饰加工后才使用。

（1）铝合金花纹板

铝合金花纹板花纹美观、板材平整、尺寸标准、安装方便，可用于装饰面板及装饰构件等，如图 2-2-5 所示。

图 2-2-5　铝合金花纹板

（2）铝合金浅花纹板

铝合金浅花纹板是我国特有的新型装饰材料，花纹精巧别致，色泽美观大方，如图 2-2-6 所示。铝合金浅花纹板的抗污垢、抗划伤、抗擦伤性能优异，可用于实验室等场所中的各类金属家具。

（3）铝合金压型板

铝合金压型板是用工业纯铝和防锈铝加工而成的装饰板材，通过表面处理或涂饰可以得到各种颜色的产品，具有重量轻、刚度高、美观大方、线条流畅等特点，广泛用于柜台、橱窗、广告装饰等，如图2-2-7所示。

图2-2-6　铝合金浅花纹板

图2-2-7　铝合金压型板

2. 铝合金型材

铝合金具有良好的可塑性和延展性，可采用挤压加工方式制造出各种断面形状的铝合金型材，如图2-2-8所示。

图2-2-8　铝合金型材

工业用铝及铝合金热挤压型材断面比较简单规范。型材一般采用工业纯铝、防锈铝、硬铝、超硬铝和锻铝制造。主要品种有等边角铝、直丁字铝、槽型铝、等边等壁Z字铝、等边等壁工字铝等。

铝合金型材具有重量轻、耐腐蚀、强度高等特点。表面经过氧化着色处理后美观大方，色泽雅致，在家具中用途十分广泛，可用做家具结构材料、屏风骨架、各种桌台脚、装饰条、拉手等。

三、铜及铜合金

对金属铜的认识可以追溯到青铜时代，铜是人类使用较早、用途较广的一种有色金属。在古代家具及装饰中，铜材是一种重要材料。在现代家具中，铜材是高级连接件、五金配件和装饰件等的主要材料。

在家具中，铜是一种高档装饰材料，用于现代金属家具的结构及框架等。家具中的五金配件（如拉手、销、合页等）和装饰构件等均广泛采用铜材，美观雅致、光亮耐久，体现出华丽、高雅的格调，如图2-2-9～图2-2-11所示。

由于纯铜价格贵，工程中更广泛使用的是铜合金，即在铜中掺入锌、锡等元素形成铜合金。铜合金既保持了铜的良好塑性和高抗蚀性，又改善了纯铜的强度、硬度等力学性能。常用的铜合金有黄铜（铜锌合金）、青铜（铜锡合金）等。

图2-2-9　铜拉手

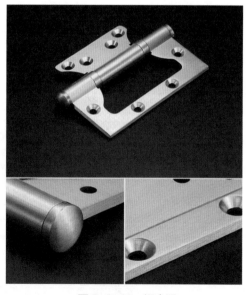

图2-2-10　铜合页

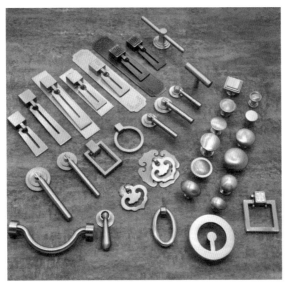

图 2-2-11　家具中的铜构件

拓展学习

① 金属个性家具的种类。

② 金属材料在商展中的应用。

问题思考

① 金属材料的种类有哪些?

② 铝合金材料的种类和特点是什么?

任务单

任务单见表 2-2-1。

表 2-2-1　任务单

任务单			
任务名称		小组编号	
日期		课节	
组长		副组长	
其他成员			
任务讨论与方案说明			

方案实施与选材要点

存在问题与解决措施

选材方案展示

任务评价（评分）：

任务完成情况分析	
优点：	不足：

任务三

玻璃

▶任务布置

李女士计划选购几样玻璃产品，用于点缀整体室内装饰环境，综合考虑产品造价、外观美感、质感优劣等方面，最终制定选用方案，完成任务。

▶任务目标

知识目标：了解玻璃材料的种类和特点。

能力目标：能够根据客户需求合理选用玻璃材料。

素质目标：培养学生树立良好的职业道德。

📖 任务指导

玻璃作为家具中的一种配饰，在人们的生活中发挥着举足轻重的作用。玻璃的发展虽然有 5000 多年的历史，但作为家具用材料要比木材和石材"年轻"很多。家具用玻璃实际是玻璃深加工的一种，具有清澈透明、晶莹可爱、珠光宝气、色彩艳丽、流光溢彩等特性，且具有浪漫梦幻的情调和极富现代感的品质。玻璃是艺术价值和使用功能的结合体，适合追求个性和时尚的人士。

玻璃的主要特点表现在具有良好的物理化学性能和技术性能，如机械强度高、硬度大、化学稳定性强、热稳定性强、透光性好等，其缺点是易碎，温差变化大时易爆裂，表面不易打理，容易有水渍。

随着技术的进步，玻璃材料不仅在厚度、透明度上得到了突破，使得玻璃制作的家具兼有可靠性和实用性，并且在制作中注入了艺术的效果，使玻璃家具在发挥家具实用性的同时，更具有美化居室的效果。玻璃主要应用在门、窗、隔断等处。

一、玻璃的分类

1. 按主要化学成分分类

玻璃按主要化学成分分为氧化物玻璃和非氧化物玻璃。非氧化物玻璃的品种和数量很少，主要有硫系玻璃和卤化物玻璃。氧化物玻璃又分为硅酸盐玻璃、硼酸盐玻璃、磷酸盐玻璃等。硅酸盐玻璃指基本成分为二氧化硅的玻璃，其品种多，用途广。通常按玻璃中二氧化硅以及碱金属、碱土金属氧化物的不同含量，又分为石英玻璃、高硅氧玻璃、钠钙玻璃、铝硅酸盐玻璃、铅硅酸盐玻璃、硼硅酸盐玻璃。

2. 按性能特点分类

玻璃按性能特点分为平板玻璃、装饰玻璃、节能玻璃、安全玻璃、特种玻璃等。

3. 按工艺分类

玻璃按工艺分为普通平板玻璃、浮法玻璃、钢化玻璃、压花玻璃、夹丝玻璃、中空玻璃、彩色玻璃、吸热玻璃、热反射玻璃、磨砂玻璃、电热玻璃、夹层玻璃等。

4. 按制品形状分类

玻璃按制品形状分为平板玻璃、曲面玻璃、异型玻璃、玻璃砖、波形瓦、玻璃纤维、玻璃布等。

5. 按用途分类

玻璃按用途分为日用玻璃、建筑玻璃、技术玻璃和玻璃纤维等。

二、常用玻璃的种类

1. 平板玻璃

平板玻璃是指未经其他加工的平板状玻璃制品，也称白片玻璃或净片玻璃，如图 2-3-1 所示。平板玻璃按厚度可分为薄玻璃、厚玻璃、特厚玻璃；按表面状态可分为普通平板玻璃、压花玻璃、磨光玻璃、浮法玻璃等。根据国家标准，平板玻璃根据其外观质量进行分等定级。

(a) 普通平板玻璃

(b) 压花玻璃

(c) 磨光夹丝玻璃

(d) 浮法玻璃

图 2-3-1　常见平板玻璃

平板玻璃是玻璃中产量最大、使用最多的种类，3～5mm 厚的平板玻璃常直接用于门窗采光、保温、隔声等；8～12mm 厚的平板玻璃可用于隔断、维护等。平板玻璃还可以用作进一步加工成其他技术玻璃的原片，如钢化玻璃、磨砂玻璃、花纹玻璃等。

（1）普通平板玻璃

普通平板玻璃即窗玻璃，因其透光、隔热、降噪、耐磨、耐候性好，而广泛应用于门窗、墙面、室内装饰等，如图 2-3-2 所示；有的还具有保温、吸热、防辐射的特性。普通平板玻璃分为优等品、一等品和二等品三个等级。

家具中普通平板玻璃的用途主要是镶嵌门体、各种柜门、餐桌茶几的台面等。

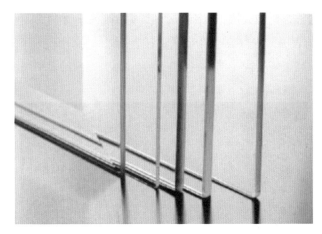

图 2-3-2　普通平板玻璃

（2）钢化玻璃

又称强化玻璃，是平板玻璃的二次加工产品。钢化玻璃的加工过程是将普通退火玻璃先切割成要求的尺寸后，加热至软化点，再进行快速均匀的冷却，从而制成钢化玻璃。

经过钢化处理的玻璃，表面形成均匀的压应力，内部形成张应力，抗压强度比普通玻璃大 4 ~ 5 倍；抗弯、抗冲击强度有很大提高，分别是普通玻璃的 4 倍和 5 倍以上；热稳定性好，在受急冷急热时，不易发生炸裂，这是普通玻璃所不及的。

由于钢化玻璃内部预埋了应力，一旦被破坏时，便形成无棱角的小碎片，能最大限度地避免对人体的伤害，如图 2-3-3 所示。因此，钢化玻璃作为家具材料使用时，常用作餐桌、茶几等的台面、门及淋浴房隔断等。

图 2-3-3　钢化玻璃碎片

（3）磨砂玻璃

俗称毛玻璃、暗玻璃，是普通平板玻璃、磨光玻璃、浮法玻璃经机械喷砂、手工研磨或化学腐蚀（氢氟酸溶蚀）等方法将表面处理成均匀的毛面，如图 2-3-4 所示。

磨砂玻璃粗糙的表面使光线发生漫反射，只能透过一部分光线而不能透视，透过的光线柔和，不刺眼，常用于需要隐蔽的浴室、卫生间、办公室的门窗和隔断。

图 2-3-4　磨砂玻璃

（4）花纹玻璃

花纹玻璃是将平板玻璃经过压花、喷砂或者刻花处理后制成的，根据加工方法的不同可分为压花玻璃、喷砂玻璃和刻花玻璃。

① 压花玻璃。压花玻璃又称滚花玻璃，顾名思义，是在玻璃硬化前，用刻有花纹和图案的辊筒，在玻璃面上压出深浅不同的花纹图案。由于花纹凹凸深浅不同，这种玻璃透光不透视，光透过率降低。

压花玻璃的透视性，因距离、花纹不同而各异。一般厚度为 3 ～ 5mm，常用于门窗、室内间隔、浴厕等处。

② 喷砂玻璃。喷砂玻璃包括喷花玻璃和砂雕玻璃，是经自动水平喷砂机或立式喷砂机在玻璃上加工图案的玻璃产品；也可在图案上加上色彩，并与计算机刻花机配合使用制作喷绘玻璃，增加艺术气息。

③ 刻花玻璃。刻花玻璃是用平板玻璃经过喷漆、雕刻、围蜡、耐蚀、研磨等一系列工序制成的，色彩更为丰富，可以实现不同风格的装饰效果。

刻花玻璃在性能上与磨砂玻璃很相似，尤其是喷砂玻璃，就是将磨砂改为喷砂，处理后的雾面效果具有朦胧美感，用于界定区域，且起到透光而不透视的作用，如餐厅与客厅之间的屏风，卫生间中的淋浴房等。

2. 热弯玻璃

热弯玻璃是为了满足现代建筑的高品质需求，由优质玻璃经过热弯软化，在模具中成型，再经退火制成的曲面玻璃，如图 2-3-5 所示。

图 2-3-5　热弯玻璃

　　和钢化玻璃一样，热弯玻璃需要提前定制，根据需求提前切割好尺寸，再经过相应的加工处理。

　　随着工业水平的进步和人们生活水平的日益提高，热弯玻璃在建筑、民用场合的使用越来越多，例如建筑装饰用热弯玻璃可用于建筑内外装饰、采光顶、观光电梯、拱形走廊等；民用热弯玻璃主要用作玻璃家具、玻璃水族馆、玻璃洗手盆、玻璃柜台、玻璃装饰品等。

　　近年来，随着建筑装修市场的扩大，热弯玻璃在家具中的用量也大大增加，洗手盆热弯炉、水族馆用玻璃热弯炉及玻璃热熔炉在全国各地相继兴起，热弯玻璃市场异常红火。

3. 新型玻璃

　　目前，玻璃正向着多品种、多功能的方向发展。新型玻璃性能更加完善，可以控制光线、节约能源、降低噪声和改善室内环境，广泛用于建筑物的门窗采光材料、室内墙壁、隔断、柱面和顶棚等处。

（1）智能调光玻璃

　　由平板玻璃与液晶胶片层和调光膜组成，利用现有的夹层玻璃制造方法，将调光膜牢固黏结在两片普通浮法玻璃之间，通过在胶片上通电来调节液晶自身的排列和分布，从而起到调节光线的作用（也称作电控变色玻璃光阀），如图 2-3-6 所示。

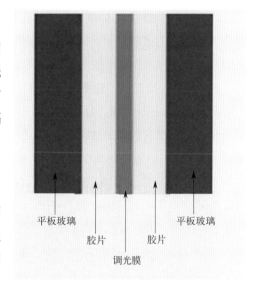

图 2-3-6　智能调光玻璃

　　智能调光玻璃通电时透明，断电时透光不透明。还可根据场合、心情、功能需求，通过控制电流的大小随意调节、自由变换玻璃的通透性，使室内光线更加柔和，又不失透光的作用。

智能调光玻璃中间的调光膜及胶片可以屏蔽 90% 以上的红外线及紫外线，减少热辐射及传递，保护室内陈设不因紫外辐照而出现褪色、老化等情况，保护人员不受紫外线直射而引起疾病。此外，这层调光膜和胶片还可有效阻隔各类噪声。

智能调光玻璃可作为隔断和幕布，不透明时保证私密性，替代成像幕布，商业名称为"智能玻璃投影屏"；透明时可增强空间通透性，使狭小空间不再感觉憋闷压抑，尤其适合办公环境和会议室。会议室空闲时，可调节为全光照透明状态；进行商务谈判时，则可让整个谈判场景彻底模糊。

普通住宅阳台飘窗、洗手间、淋浴间、室内空间隔断等均可使用智能调光玻璃，保证私密性。另外智能调光玻璃应用在医疗机构，可取代窗帘，起到屏蔽与隔断功能，坚实安全，隔声消杂，更有使环境清洁、不易污染的好处，为患者除去顾虑，为医生免去麻烦；也可应用于银行、珠宝行及博物馆和展览馆的柜台，在正常营业应用时保持透明状态，一旦遇到突发情况，则可利用远程遥控，瞬间达到模糊状态，使犯罪分子失去目标，可以最大限度保证人身及财产安全。

（2）节能玻璃

节能玻璃具有两个节能特点，即保温性和隔热性，目前，正被广泛应用在学校、医院、高档公寓等建筑领域。常用的节能玻璃主要包括镀膜玻璃、中空玻璃等。

① 镀膜玻璃。镀膜玻璃是指在玻璃表面镀一层或多层金属、合金或金属化合物，以改变玻璃的性能。按特性不同可分为热反射玻璃和低辐射玻璃。

a. 热反射（阳光控制）玻璃，一般是在玻璃表面镀一层或多层如铬、钛或不锈钢等金属或其化合物组成的薄膜，使产品呈丰富的颜色，对可见光有适当的透射率，对近红外线有较高的反射率，对紫外线有很低的透过率，因此，也称为阳光控制玻璃。与普通玻璃比较，降低了遮阳系数，即提高了遮阳性能，但对传热系数改变不大。

b. 低辐射(Low-E)玻璃，是在玻璃表面镀多层银、铜、锡等金属或其他化合物组成的薄膜。产品对可见光有较高的透射率，对红外线有很高的反射率，具有良好的隔热性能。由于膜层强度较差，一般都制成中空玻璃，而不单独使用。

② 中空玻璃。中空玻璃是指由两片或两片以上的玻璃用铝制空心边框框住，用胶黏结或焊接密封，中间形成自由空间，可充以干燥的空气或惰性气体，其传热系数比单层玻璃小，保温性能好，但其遮阳系数降低很小，对太阳辐射的热反射性改善不大。

③ 镀膜玻璃与中空玻璃的复合体。包括热反射镀膜中空玻璃和低辐射镀膜中空玻璃，前者可同时降低传热系数和遮阳系数，后者透光率较好。

（3）玻璃马赛克

又称玻璃锦砖或玻璃纸皮砖。马赛克（mosaic）在历史上泛指带有艺术性的镶嵌作品，后专指一种由不同色彩的小块镶嵌而成的平面装饰。

玻璃马赛克是小规格彩色饰面玻璃。成品正面光泽、滑润、细腻，背面带有较粗糙的槽纹，便于用砂浆粘贴；外观有无色透明的，着色透明的，半透明的，带金银色斑点、花纹或条纹的。

玻璃马赛克具有耐腐蚀、不褪色、色彩亮丽、易清洁、易施工、廉价等优点，在美化环境和营造气氛的同时，对墙体有一定保护作用，延长了建筑物的使用寿命和维护周期，一举多得，非常实用。

三、玻璃施工的注意事项

① 在运输过程中，一定要注意固定和加软护垫。一般建议采用竖立的方法运输。车辆的行驶也应该注意保持稳定和中慢速。

② 如果玻璃安装的另一面是封闭的，就要注意在安装前清洁好表面。最好使用专用的玻璃清洁剂，并且要待其干透，确保没有污痕后方可安装，安装时最好戴干净的建筑手套。

③ 玻璃的安装，要使用硅酮（聚硅氧烷）密封胶进行固定。在窗户等的安装中，还需要与橡胶密封条等配合使用。

④ 施工完毕后，要注意加贴防撞警告标志，一般可以用不干贴、彩色电工胶布等予以提示。

拓展学习

① 空心玻璃砖的特点和应用。
② 镭射玻璃的特点和应用。

问题思考

① 玻璃材料的种类有哪些?
② 玻璃施工时的注意事项有哪些?

任务单

任务单见表 2-3-1。

表 2-3-1　任务单

任务单			
任务名称		小组编号	
日期		课节	
组长		副组长	
其他成员			
任务讨论与方案说明			

续表

方案实施与选材要点	
存在问题与解决措施	
选材方案展示	
任务评价（评分）：	
任务完成情况分析	
优点：	不足：

笔记

项目三

家具与室内装饰材料

软体家具材料

作为家具大家族中的一员——软体家具，从 18 世纪的雏形初现到 20 世纪以后，经过无数家具和室内装饰设计师的精心打造，现已变成深受人们喜爱的家居用品，更是家居文化不可或缺的重要元素，无法被任何物品所替代。此外，一套坐卧舒适的沙发、一张健康科学的床垫，将为身处高压力、快节奏的社会生活中的人们带来高质量的休息和睡眠体验。

软体家具是指以实木、人造板、金属等为框架材料，用弹簧、绷带、泡沫塑料等作为弹性填充材料，表面以皮、布等面料包覆制成的家具。软体家具通常分为沙发和弹簧软床垫两大类，包括沙发、床垫、软椅、软凳等。

任务一

沙发框架与弹性材料

▶ 任务布置

李先生为三线城市的工薪阶层，家中有一个 7 岁的男孩，现需要定制一套沙发，综合考虑家庭成员、产品造价、外观美感、质感优劣等方面，制定最终方案，合理选用沙发的框架与弹性材料。

▶ 任务目标

知识目标：

① 了解沙发的概念、分类；

② 掌握沙发框架和弹性材料的分类与特点。

能力目标：能够根据沙发的规格和特点合理选用框架和弹性材料。

素质目标：培养学生严谨的工作态度。

📖 任务指导

沙发框架材料在沙发的整体构造中起到骨架的作用，可以说一款沙发的稳定性、舒适性和使用寿命均取决于框架的选材和结构设计等方面。早期的沙发框架材料以木材为主，但随着时代的发展，木质框架沙发已不能满足消费者对沙发款式和造型的需求。在此背景下，沙发框架材料也迎来了高速的发展，金属、竹藤等材料也逐渐走进沙发框架材料的适用领域。

沙发弹性材料是介于框架材料和填充材料之间的一种具有良好回弹性的材料，可以说沙发的舒适性很大程度上取决于弹性材料的种类、型号、质量等方面。沙发弹性材料以各类弹簧为主，包括螺旋弹簧、蛇形弹簧、拉簧等。

一、沙发

1. 沙发的概念

"沙发"是从国外流传到我国的一种家具（图3-1-1），是英文 sofa 一词的译音，而 sofa（沙发）是 couch（长沙发）的同义词，但是一般提到 couch，都是用来坐的意思。沙发的核心是软，与人体的接触部位有着柔软的接触表面。我国已习惯地将"沙发"引申为所有的软体座椅，又统称为软体家具。

图 3-1-1　沙发

"沙发"一词在《家具工业术语》（GB/T 28202—2020）中被定义为"一种使用木质材料或金属材料和软质材料制成，具有弹性软包，且有扶手和靠背的坐具"。实际上，"沙发"在内涵上有狭义和广义两层意义。狭义上的沙发是指一种装有弹簧软垫的低座靠椅；然而，随着时代的发展与技术的进步，狭义上的沙发已不能代表沙发的范畴。广义上的沙发是指，凡是装有柔软接触表面或软垫的躺、座、卧用具，如沙发凳、沙发椅、沙发床等。此外，软体部分的构成也并非一定采用弹簧，有时可以采用具有弹性的植物纤维、动物绒毛、泡沫塑料等填充物作为弹性填充材料，也可以用藤皮、绳索编织而成，还可以在密封的软套内充气或充水而成。

2. 沙发的分类

沙发的种类和款式繁多，可以从沙发框架材料、沙发面料、沙发功能和沙发风格四个方面进行分类。

（1）按沙发框架材料分类

沙发按照框架材料分为木质框架沙发、金属框架沙发、塑料框架沙发、藤质框架沙发和竹质框架沙发，如表3-1-1所示。

表3-1-1　按沙发框架材料分类

框架材料	概念	特点	图片展示
木质框架	以木质材料为主要结构材料，沙发内框架由若干木质零部件按照不同的式样，通过钉接合方式装配而成。辅以弹簧、海绵、松紧带等衬垫物作为软体部分，以布料、皮革等面料包覆外表	历史悠久、款式较多，造型丰满，制作工艺比较复杂，技术精度要求较高，制作时费工费力，造价较高。整体造型较为笨重，使用和搬运过程较为不便	木质框架沙发
金属框架	以一定规格的镀镍钢管或氧化的铝型材等为框架的结构材料，以弹簧、海绵、松紧带等衬垫物为软体部分，以布料、皮革等面料包覆外表	强度大、结构坚固、工艺简单、美观大方、生产效率高，材料质感硬、色彩偏冷、易氧化生锈	金属框架沙发
塑料框架	以塑代木作结构材料通过发泡或浇注后成型的沙发。塑料沙发主要品种包括沙发椅、单人沙发、沙发床等	外形美观、工艺简单、结构一体、使用轻巧、坐感贴体。塑料框架沙发的制作有利于产品的部件化、标准化、通用化，可以大批量进行生产，成本较低	塑料框架沙发
藤质框架	以藤芯和藤皮做主要结构材料	顺纹抗拉强度约为木材的3倍，其静曲强度也大大高于木材，外观轻松且凉爽、美观雅致	藤质框架沙发
竹质框架	以竹子为主要结构材料制作。竹质沙发在我国南方较多，也是节约木材的重要途径。竹质沙发椅、竹质沙发摇椅、沙发床及其他各种沙发，先利用竹材制成框架，再按传统的沙发制作工艺包覆成型	充分利用竹材的特点，做工精细，结构严谨，常在表面烙烫出瑰丽的山水画或人物画图案，集实用和艺术于一体	竹质框架沙发

（2）按沙发面料分类

沙发按照面料分为皮革沙发和布艺沙发两大类，如表 3-1-2 所示。

表 3-1-2　按沙发面料分类

饰面材料	概念	特点	图片展示
皮革	皮革有真皮和人造皮之分，包覆在沙发外层	皮面拼缝整齐、针脚均匀、线迹平直，沙发外表平整、饱满，如果保养不当会褪色、陈旧，失去光泽	 皮革沙发
布艺	以纺织品为面料的沙发	手感柔软，图案丰富，线条圆润、自然、温馨，易清洗，易更换	 布艺沙发

（3）按沙发功能分类

沙发按照功能分为普通沙发、沙发床、组合沙发和功能沙发，如表 3-1-3 所示。

表 3-1-3　按沙发功能分类

沙发类型	功能	图片展示
普通沙发	仅有座椅功能	
沙发床	可躺卧	

沙发类型	功能	图片展示
组合沙发	既可当座椅，又可躺卧	
功能沙发	除座椅功能外，还具有保健功能	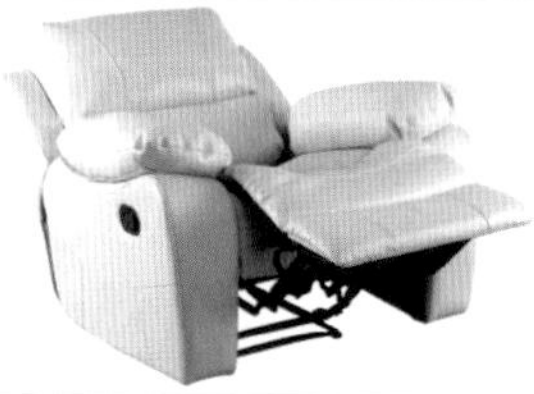

（4）按沙发风格分类

沙发按照风格分为美式沙发、欧式沙发、日式沙发和中式沙发，如表 3-1-4 所示。

表 3-1-4　按沙发风格分类

沙发风格	特点	图片展示
美式沙发	宽大、松软、舒适、结实耐用	
欧式沙发	色彩典雅、线条简洁	
日式沙发	栅格状木扶手、矮小、自然朴素，适用于起居困难的老年人	

沙发风格	特点	图片展示
中式沙发	裸露的实木外框，上置海绵软垫，冬暖夏凉，方便实用	

二、沙发框架材料

1. 木材

全实木结构是沙发的初始形态，采用木材制作的沙发框架有利于绷带、弹簧、面料等材料的钉固，以承受由坐卧产生的冲击强度，如图 3-1-2 所示。为了保证木质框架沙发的使用年限，需从木材的含水率、软硬度、纹理等方面考虑。

图 3-1-2　木材

（1）含水率

含水率指的是木材中水分所占的比例（%）。木材属于各向异性材料，具有干缩湿胀的天然特性，不合理的干缩湿胀会引起其变形。因此，所选用的木材必须经过自然干燥或人工干燥，使其含水率达到使用地点的平衡含水率要求，以防止由于木材中水分变化而产生干缩湿胀，避免开裂、变形，确保木质框架的稳定性。

（2）软硬度

由于木质框架沙发会使用大量的钉来紧固绷带、弹簧、面料等材料，以确保沙发的功能性，因此，所选用的木材的握钉力大小是非常关键的。一般来讲，松木、椴木等木材较软，有利于钉连接，但是有些木材的材质过软，握钉力很小，则不适用于沙发框架的制作，如杉木；而水曲柳、柞木等木材虽然质地强度较好，但材质过硬，很难实现钉连接，在一定程度上会影响生产效率。因此，所选用的木材的软硬度应适中，如松木、杂木即可。

（3）纹理

对于全包沙发而言，应尽量选用纹理通直的木材来制作框架，以确保框架的稳定性；对于扶手沙发、沙发椅等有外露零部件的沙发而言，除内部框架选择纹理通直的木材之外，外露部分一般选用花纹美观、视觉冲击力强、强度较高的木材，如水曲柳、柚木、柳桉等木材。

2. 人造板材

随着世界森林资源储备的减少，人造板材迎来高速发展，沙发的框架结构也从全实木结构发展到以木材和人造板材相结合的结构，如胶合板框架、刨花板框架、纤维板框架。各人造板材的结构和特点见"项目一　任务二　板式家具材料"。

3. 金属

软体家具中的金属材料通常以管材、板材、型材等形式出现，除用作软体家具的框架结构材料外，还具有很好的装饰性，如图 3-1-3 所示。金属框架材料具有结构稳定、工艺简单、美观大方、韧性强、强度高、弹性好等特点，可弯曲成形，也可通过焊、锻、铸等加工方式进行组拼。金属框架沙发的造型美观、色彩鲜艳、视觉冲击强，造型风格以纤巧轻盈、简洁明快为主。

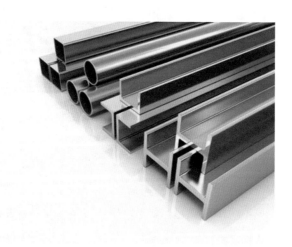

图 3-1-3　金属管材和型材

三、沙发弹性材料

沙发弹性材料是沙发的重要元素，一款沙发的舒适度多取决于弹性材料的作用。沙发弹性材料主要有两个部分，分别是弹簧和绷带。

1. 弹簧

弹簧是软体家具的重要元件，使用弹簧的目的在于提供优良弹力，并在压力消失后，能使软体家具表面恢复原状，如图 3-1-4 所示。值得注意的是，沙发的舒适度虽然取决于弹性材料的作用，但这并不取决于弹簧的数量，而取决于弹簧的质量。

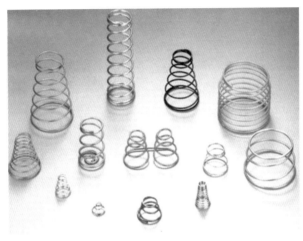

图 3-1-4　弹簧

沙发弹簧主要有螺旋弹簧、蛇形弹簧和整体弹簧。螺旋弹簧按形状又分为中凹型螺旋弹簧、圆柱形螺旋弹簧（包布弹簧）、宝塔形螺旋弹簧、拉簧、穿簧等。

（1）中凹型螺旋弹簧

中凹型螺旋弹簧又称腰鼓弹簧，外形像沙漏，两端是圆柱形，越往中部越细，如图 3-1-5 所示。中凹型螺旋弹簧具有防共振性强、稳定性好、结构紧凑等特点，适用于沙发、床垫等承受较大载荷及减振场合。中凹型螺旋弹簧的自由高度代表其大小规格，每一规格又分 3 个等级硬度，即硬级、中级和软级，不同等级级别取决于弹簧中部的圈直径，硬级弹簧的圈直径最小，软级弹簧的圈直径最大。中凹型螺旋弹簧的质量要求较为严格，如钢丝的直径为 1.3 ～ 2.8mm，弹簧的中腰直径不小于端面外径的 44%，弹簧的自由高度为110 ～ 150mm，弹簧圈数不小于 5 圈，弹簧两端外径不大于 90mm。

（2）圆柱形螺旋弹簧

圆柱形螺旋弹簧又称包布弹簧，每个圆柱形螺旋弹簧独立缝制于无纺布中，并通过热熔胶胶接而成，自由高度为 120 ～ 125mm，如图 3-1-6 所示。圆柱形螺旋弹簧的每个弹簧皆可分别动作，单独回弹，在承受压力载荷时，能够起到独立支撑的作用，具有极高的回弹效果，提供极致的舒适体验。圆柱形螺旋弹簧主要用于靠背、软垫和坐垫。

图 3-1-5　中凹型螺旋弹簧　　　　　　　图 3-1-6　圆柱形螺旋弹簧

（3）宝塔形螺旋弹簧

宝塔形螺旋弹簧又称做圆锥形螺旋弹簧、喇叭弹簧，如图 3-1-7 所示。宝塔形螺旋弹簧在使用时将大头朝上，小头朝下，并用钉连在框架上，常采用钢丝绑扎成弹性软垫。宝塔形螺旋弹簧适用于汽车、沙发坐垫等部位，但稳定性较差，弹簧圈数一般为 7 ～ 9 圈。

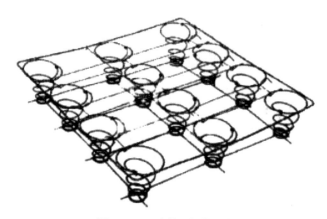

图 3-1-7　宝塔形螺旋弹簧

（4）拉簧

在整个弹性材料系统中，拉簧常与蛇簧配合使用，也可单独用于沙发或沙发椅的靠背弹簧，如图 3-1-8 所示。拉簧的线径一般为 2mm，材质为钢材，外径为 12mm，长度则需要根据蛇簧的结构而定制。

（5）穿簧

穿簧的作用是将螺旋弹簧连接成整体，如图 3-1-9 所示。穿簧的线径一般为 1.2 ～ 1.6mm。

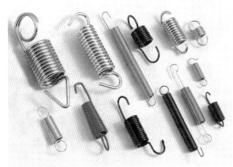

图 3-1-8　拉簧　　　　　　　　　　　　　图 3-1-9　穿簧

（6）蛇形弹簧

蛇形弹簧简称蛇簧，又称弓簧、曲簧，是由一根连续的钢丝盘绕成"之"形的一种沙发弹簧，如图 3-1-10 所示。蛇形弹簧常安装于靠背或软垫下部，有时也用于扶手部位。

蛇簧的钢丝多数采用直径为 3 ～ 3.5mm 的碳素钢制成，直径不得小于 2.8mm。蛇簧宽度一般为 50 ～ 60mm，长度根据实际需要而定。蛇簧可单独作为沙发底座及靠背弹簧，常与泡沫塑料等软垫物配合使用。

2. 绷带

在沙发的弹性系统中，绷带起到至关重要的作用，是提高沙发舒适感的重要因素。常采用绷带的种类有麻织类绷带、棉织类绷带、橡胶类绷带、塑料类绷带等。市面上较为常用的绷带是麻织类绷带或棉织类绷带，俗称松紧带，宽度约为 50mm，如图 3-1-11 所示。

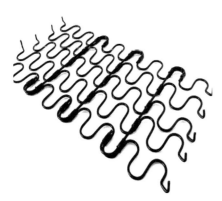

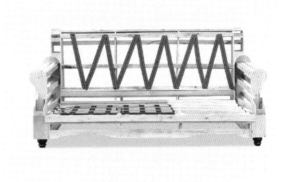

图 3-1-10　蛇形弹簧（蛇簧）　　　　　　　图 3-1-11　沙发绷带

绷带在安装时，常采用射钉将绷带以纵横交错的方式钉固在沙发框架的底座或靠背上。此外，底带自身就具有一定回弹性与承载能力，海绵、棕丝等软垫物可直接置于底带之上，形成弹性缓冲结构。

绷带的种类较多，且具有各自的特点，应用部位存在较大差异，如麻织类绷带的强度较高，弹性较好，常用于沙发底座部位；而棉织类绷带的强度较低，常用于扶手或靠背部位；塑料类绷带的颜色多样，具有一定的装饰性；橡胶类绷带弹性大，但不耐用。

拓展学习

① 软体家具的风格及发展史。

② 球椅的造型艺术。

问题思考

① 软体家具的概念是什么？

② 沙发有哪些类型？

③ 沙发框架材料有哪些？

④ 沙发弹性材料有哪些？

任务单

任务单见表 3-1-5。

表 3-1-5　任务单

任务单			
任务名称		小组编号	
日期		课节	
组长		副组长	
其他成员			
任务讨论与方案说明			
方案实施与选材要点			
存在问题与解决措施			
选材方案展示			
任务评价（评分）：			
任务完成情况分析			
优点：		不足：	

任务二
沙发填充材料和面料

▶ 任务布置

李先生为三线城市的工薪阶层，现需要定制一套沙发，家中有一个 7 岁的小男孩，综合考虑家庭成员、产品造价、外观美感、质感优劣等方面，制定最终方案，合理选用沙发的填充材料和面料。

▶ 任务目标

知识目标：掌握沙发填充材料和面料的分类与特点。

能力目标：能够根据沙发的规格和特点合理选用填充材料与面料。

素质目标：培养学生的创新能力和批判精神。

📖 任务指导

沙发填充材料常置于弹性材料和面料之间，起到填充和提高舒适度的作用，沙发填充物的加入可大幅提高坐卧时的舒适性，并可有效防止弹簧与面料直接接触，对面料起到保护的作用。

沙发面料是沙发最外层的材料，常置于填充材料之上，起到装饰的作用。另外，沙发面料的选择会直接影响使用者的体验感和室内装饰的整体效果。

一、沙发填充材料

沙发填充材料是填充在沙发内部的材料，主要有海绵、杜邦棉、棕丝软垫物、棉花等具有一定回弹性且柔软的材料。

1. 海绵

海绵又称为聚氨酯泡沫塑料，种类繁多，回弹性较好，且柔软、透气，可代替弹簧的功能，不再需要传统包绑弹簧的复杂工艺，可大幅提高生产效率，如图 3-2-1 所示。

海绵主要有低回弹海绵、高回弹海绵、超软棉、特硬棉等。目前，常用的海绵主要有普通海绵、高回弹海绵和乱孔海绵等。普通海绵具有较好的回弹性、透气性和柔软性，而高回弹海绵则具有更好的力学性能、回弹性，承重能力和透气性，乱孔海绵比较突出的特点是缓冲性极好。

海绵主要应用于坐垫、靠垫及扶手上，通常会由多层海绵组成，以满足沙发造型及舒适性要求。沙发不同部位所使用的海绵的力学性能要求如表 3-2-1 所示。

图 3-2-1　沙发海绵

表 3-2-1　沙发不同部位所使用的海绵的力学性能要求

项目	高级产品	中级产品	普通产品
底座部位密度 /（kg/m³）	≥ 27	≥ 26	≥ 25
其他部位密度 /（kg/m³）	≥ 24	≥ 23	≥ 22
拉伸强度 /kPa	≥ 110	≥ 100	≥ 90
变形率 /%	≤ 4.0	≤ 6.0	≤ 9.0

2. 杜邦棉

杜邦棉是一种多层纤维结构的化纤材料，填充于海绵与布料之间，提高沙发表面的质感，并可在一定程度上对沙发的边角部位进行恰当的修补和造型，使得沙发外形更加饱满、柔软，如图 3-2-2 所示。

图 3-2-2　杜邦棉

目前，杜邦棉最为突出的特点是质轻，能够以较轻的重量提供良好的填充效果和舒适性。市场上杜邦棉的品种较多，较为常见的品种如表 3-2-2 所示。

表 3-2-2 杜邦棉的品种

品种	特点
高价值保暖填充材料（Hollofil）	高价值保暖填充材料，适用于棉被、枕头等
特级保暖填充材料（Hollofil Ⅱ）	特级保暖填充材料，柔软、易与人体贴合，适用于棉被、手套、枕头等
豪华保暖填充材料（Quallofil）	豪华保暖填充材料，超软，保暖性和透气性较好，易与人体贴合，适用于睡袋、棉被、枕头等
轻巧的典型保暖材料（Thermolite Plus）	轻巧保暖材料，适用于滑雪衣、手套、睡袋等
暖和的超薄保暖系列（Thermolite Active）	超薄保暖材料，适用于风衣、夹克、手套、雪衣等

3. 棕丝软垫物

棕丝软垫物具有密度均匀、弹性适中、耐腐蚀、抗拉强度好、透气性好等特点，是弹簧沙发的主要软垫物之一，与其类似的软垫物有椰壳衣丝、笋壳丝、麻丝、藤丝等，如图 3-2-3 所示。

图 3-2-3 棕丝软垫物

4. 棉花及其他填充材料

棉花是比较古老的沙发填充物，具有质软、耐磨、弹性好等特点，常置于面料下部，以提高面料的平整度和饱满度，但随着海绵的快速发展，棉花已逐渐被取代。其他填充材料有动物棕毛、动物羽绒毛等，具有更好的回弹性效果，但是成本都较高，常用于档次较高的软体家具中，如图 3-2-4 所示。

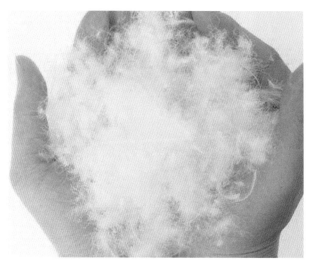

图 3-2-4　动物绒毛

二、沙发面料

沙发面料是指包覆在沙发外部的材料，除具有一定功能性外，还起到装饰和保护的作用，主要分为布料和皮革两大类。不同于框架材料和填充材料，面料是沙发最外层的材料，既要起到装饰作用，又要经受频繁的冲击和磨损而不损坏。因此，在选择沙发面料时，首先应考虑沙发的使用环境，是易损型环境还是装饰型环境，其次是考虑纹理、色彩、图案等因素。

1. 布料

布料是软体家具最常用的面料之一，具有透气性好、色彩丰富、光泽度好、图案多样、质感柔软、线条圆润、亲和力强、可变性强、适应性强、装饰性好等特点。根据房间类型的不同，布料可选用不同的色彩和款型进行搭配，营造出风格多样的室内空间。面料在选择上要根据沙发的规格、造型、使用场合等方面来确定，通过面料的色彩、图案、质感来点缀室内装饰的效果。

以布料作为面料的沙发统称为布艺沙发，拥有柔软的触感，丰富的图案，圆润的线条，颇受大众的青睐。沙发常用布料主要有棉布、麻布、绒布等天然织物、人造织物以及混纺织物。

（1）棉布

棉布是一种平纹织物，具有透气性好、吸湿性好、防虫性好等特点，常用于体量较小且价位较低的布艺沙发，如图3-2-5所示。此外，棉布还具有浮雕效果，凸起的图案一般为彩色或具有与基层不同的纹理。

图 3-2-5　棉布

（2）麻布

麻布是以大麻、亚麻、剑麻等麻类植物纤维制成的粗纤维织物，具有材质硬挺、手感厚实、强度高、透气性好、吸湿性好、弹性好等特点，是布艺沙发的极佳选择，如图3-2-6所示。麻布的外观较为粗糙，较适合用于时尚的欧式现代沙发。

图 3-2-6　麻布

（3）绒布

绒布是以棉、毛、绒等制成的织物，具有防皱性好、耐磨性好、材质柔软、弹性好、保暖性好、不易清洁、价格较贵等特点，如图3-2-7所示。布艺沙发常用的绒布有平绒、丝绒、长毛绒和复合绒。其中，复合绒在制备工艺上复合了多种材料，经纬方向上的强度差异得到明显的改善，强度较高，回弹性较好。

图 3-2-7　绒布

（4）人造织物

人造织物是以高分子化合物制成的织物，具有色彩鲜艳、质地柔软、爽滑舒适、耐磨性差、耐热性差、吸湿性差、透气性较差、易变形、易产生静电等特点，如图 3-2-8 所示。人造织物较少应用于沙发产品，一般用于抱枕、靠垫等沙发配套物品。

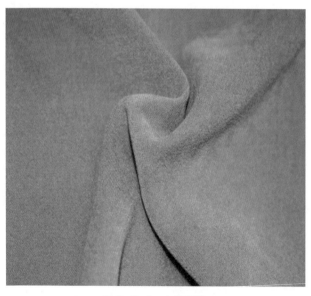

图 3-2-8　人造织物

（5）混纺织物

混纺织物是以化学纤维和棉、麻、毛等天然纤维混合制成的织物，融合了棉、麻、毛、化纤等布料的优点，又最大限度地避免或弥补了其缺点，而且价格较为低廉，如图 3-2-9 所示。混纺织物常用于沙发抱枕、靠垫等配套物品。

图 3-2-9　混纺织物

2. 皮革

作为沙发面料的一种，皮革在其冷峻的外表下彰显了尊贵奢华、高端大气、庄重典雅等特点，深受大众的喜爱。皮革主要有真皮、人造皮革、再生皮革等。

（1）真皮

真皮是通过机械设备和化学药剂将动物生皮的表皮和皮下组织上的毛、肉、脂肪等物质去除后进行适当工艺处理而形成的一种面料。真皮具有透气性好、弹性好、耐磨性好、耐污性强、机械强度高、质感好、色泽好、触感好等特点，如图 3-2-10 所示。

常用的真皮面料有牛皮、羊皮和猪皮。牛皮一般有黄牛皮、水牛皮等。黄牛皮的颗粒感较为细腻，而水牛皮的纤维较为粗糙。牛皮面料柔软性、韧性和美观性更好。羊皮一般有山羊皮和绵羊皮。山羊皮的强度差于牛皮和猪皮，而绵羊皮则多用于皮衣的制造。猪皮的纤维较为粗糙，强度较高，多用于皮衣、皮箱皮鞋等的制造。

通常来讲，动物的生皮不会直接用于沙发的面料，往往会做分层处理。最外层为头层皮，又称全青皮，皮质柔软，较为贵重；向内一层为二层皮，柔软性、韧性和耐磨性较差。真皮沙发多用牛皮做面料，且以头层皮和二层皮为主。为满足更多消费者对真皮沙发的追求，新兴的制革技术已能实现牛皮的多层分割，如二层皮向内还可分割出三层皮；头层皮也可再次细致分割成半青皮和压纹皮；二层皮经喷涂或覆膜可制成涂饰皮和贴膜皮。

（2）人造皮革

人造皮革又称仿皮，是由 PVC 和 PU 等材料发泡或覆膜而制成的一种人造沙发面料，如图 3-2-11 所示。人造皮革具有品种多样、色彩丰富、防水性好、耐化学品腐蚀性强、利用率高、价格低廉等优点，但卫生性差、透气性差、易老化、易损坏、强度低，常用于沙发背面和扶手外侧。

图 3-2-10 真皮

图 3-2-11 人造皮革

人造皮革的种类有聚氯乙烯人造皮革、聚氯乙烯尼龙布基人造皮革、聚氯乙烯针织布基发泡人造皮革和聚氨酯人造皮革。聚氯乙烯人造皮具有较高的强度；聚氯乙烯尼龙布基人造皮革具有较好的抗拉强度，能够应对受力较大的场合；聚氯乙烯针织布基发泡人造皮革具有较好的柔软性，触感较为舒适；聚氨酯人造皮革，又称 PU 革，具有较好的耐弯折性能。

（3）再生皮革

再生皮革是以粉碎后的真皮余料，添加树脂、胶黏剂后，经脱水、成型、打光、涂饰等工序而制成的一种沙发面料，既可称为天然材料，又可称为人造材料，如图 3-2-12 所示。

图 3-2-12 再生皮革

再生皮革具有质地整齐、利用率高、价格合适、强度较低等优点，但易老化、卫生性能差、防水性差。为降低生产成本和售价以满足更多消费者的需求，再生皮革常与真皮搭配使用，即靠背前面、坐面及扶手内侧和上侧等与人体接触的部位采用真皮作为面料，其他部位则采用再生皮革。

拓展学习

① 天然皮革的鉴别技巧。

② 床垫的结构。

问题思考

① 沙发的填充材料有哪些?

② 沙发的面料有哪些?

③ 若完成一款沙发的设计，需要考虑哪些因素?

任务单

任务单见表3-2-3。

表3-2-3　任务单

任务单			
任务名称		小组编号	
日期		课节	
组长		副组长	
其他成员			
任务讨论与方案说明			
方案实施与选材要点			
存在问题与解决措施			
选材方案展示			
任务评价（评分）:			
任务完成情况分析			
优点:		不足:	

家具
与
室内
装饰
材料

项目四

竹藤家具材料

竹藤家具是指以竹材和藤材为主要材料制成的家具。在我国有悠久的发展历史，因其清新自然、材质优美、低碳环保、富有民族风情而深受欢迎。随着时代和科技的发展，竹藤家具除了采用传统的竹材、藤材之外，还出现了竹藤集成材、重组材等新型材料，在保持原有基材特性的基础上，又具有了一些新的特点，同时基材的多样化使得竹藤家具的造型、结构与风格更加丰富，也提高了材料的利用率和生产效率。

人们对绿色产品的追求已成为当今世界的热点，家具产品也不例外。就绿色家具而言，产品本身要绿色环保，且产品加工过程也要符合环保要求，从这两点来讲，竹藤家具制品应是当之无愧的绿色环保型家具。竹藤本身可永续发展与利用；竹藤家具加工过程中，较少产生锯末、粉尘和游离甲醛等有害物质；竹藤家具具有吸湿、吸热、防虫蛀，不轻易变形或开裂脱胶等特性；竹藤家具经过严格的预加工处理，柔韧性好，符合人体工程学原理，舒适别致、透气性强、冬暖夏凉、手感清爽、质感自然，并具有浓郁的民族特征，符合当代人的时尚品位，能够给身处喧嚣的人们带来一份安心与宁静。

任务一
竹家具材料

> **任务布置**
张先生在上海有一座别墅，家里各房间都使用天然木质家具，客户想在一处休闲区布置竹家具，根据客户需求和不同风格家具类型选配材料完成任务。

> **任务目标**
知识目标：掌握竹家具材料的种类特点和性能。
能力目标：能够根据竹家具材料的特点和性能进行选用。
素质目标：培养学生严谨的工作态度。

📖 任务指导

中国竹材资源丰富，古人很早就将竹材用于吃、穿、住、行等方面，同时，竹藤对传统造物艺术、绘画艺术、宗教艺术和文学作品等领域也有着深刻的影响，传统竹材家具更是整个家具发展史的重要组成部分。

一、竹材的种类

竹，也称竹子，分布于热带、亚热带至暖温带地区。原产中国，主要分布于甘肃南部、陕西、四川、云南、湖北、江西，一般生于海拔 1000 ～ 3000m 的山坡林缘。

竹子的种类是根据竹子的生长特点来鉴别的，主要是从其繁殖类型、竹竿外形和竹箨的形状特征来识别。按繁殖类型，竹分为三大类：丛生型、散生型和混生型。丛生型就是母竹基部的芽繁殖新竹，民间称"竹兜生笋子"，如慈竹、硬头簧、麻竹、单竹等。散生型就是由鞭根（俗称马鞭子）上的芽繁殖新竹，如毛竹、斑竹、水竹、紫竹等。混生型就是既由母竹基部的芽繁殖，又能以竹鞭根上的芽繁殖，如箭竹、苦竹、棕竹、方竹等。

（1）箭竹（*Fargesia spathacea*）

禾本科，箭竹属。竿丛生或近散生；高可达 6m，竿圆筒形，幼时无白粉或微被白粉，无毛，纵向细肋不发达，髓呈锯屑状；箨环隆起，竿环平坦或微隆起；竿芽卵圆形或长卵形，微粗糙，边缘具灰黄色短纤毛（图 4-1-1），是大熊猫（我国国家一级保护动物）最喜爱的主要食物来源。地理分布于甘肃南部、陕西、四川、云南、湖北、江西。生于海拔 1000 ～ 3000m 的山坡林缘。笋供食用，竿劈篾供编织用。

图 4-1-1　箭竹

（2）慈竹（*Bambusa emeiensis*）

禾本科，簕竹属。丛生，竿高 5 ～ 10 m，梢端细长，作弧形向外弯曲或幼时下垂如钓丝状，全竿共 30 节左右，竿壁薄；节间圆筒形，长 15 ～ 30cm，径粗 3 ～ 6cm，表面贴生灰白色或褐色疣基小刺毛，其长约 2mm，以后毛脱落则在节间留下小凹痕和小疣点；竿环平坦；箨环显著；节内长约 1cm；竿基部数节有时在箨环的上下方均有贴生的银白色绒毛环，环宽 5 ～ 8mm，在竿上部各节的箨环则无此绒毛环，或仅于竿芽周围稍具绒毛（图 4-1-2）。广泛分布在我国西南各省。用途广泛，竿纤维韧性强，节稀筒长，是竹编工艺品的上乘材料，也可劈篾编结竹器。

图 4-1-2　慈竹

（3）单竹（*Bambusa cerosissima*）

禾本科，簕竹属。竿高 3 ～ 7m，径约 5cm，顶端下垂甚长，竿表面幼时密被白粉，节间长 30 ～ 60cm。每节分枝多数且近相等。箨鞘坚硬，鲜时绿黄色，被白粉，背面遍生淡色细短毛；箨落后箨环上有一圈较宽的木栓质环（图 4-1-3）。竹质细腻，纤维韧性强，能启成薄如蝉翼、细如发丝的竹篾丝，编织成似绸、似绢的精档竹编工艺品。单竹多生长在土壤肥沃的阴山处，是竹编的最佳材料。

（4）四季竹（*Oligostachyum lubricum*）

禾本科，少穗竹属。丛生型，因四季生笋而得名。四季竹植物体木质化，体中所含的 SiO_2 可高达 70%，常呈乔木或灌木状。竿高 5m，直径 2cm，节间长约 30cm，幼时绿色无毛，无白粉，在有分枝一侧扁平，竿每节 3 分枝，其粗细近相等（图 4-1-4）。这种竹原产于湖南沅陵县大坪乡，最大的特点是竿粗大高直，一根就有几十斤重（1 斤 =500g），纤维细腻，繁殖生长快，是造纸的好材料，经济价值大。

图 4-1-3　单竹

图 4-1-4　四季竹

（5）**斑竹**（*Phyllostachys reticulata 'Lacrima-deae'*）

禾本科，刚竹属，又名湘妃竹。散生型，高达 15 ～ 20m，直径可达 8 ～ 10cm。其茎和分枝均有紫褐色斑块和斑点；竹环均隆起。竿高直，挺拔，径大，质硬，竹面上有褐色斑点（图 4-1-5）。传说是尧帝的两个女儿的眼泪洒在上面而形成的，故名"斑竹"。这种竹多用于建筑材料，也可启成篾条作编织用。古代拉船的纤绳多用此竹篾编制而成。其特点是不易被水浸蚀，轻便，拉力强。主产于湖南湘水流域。

（6）**楠竹**（*Phyllostachys edulis*）

禾本科，刚竹属，又名毛竹，是散生型竹的代表。幼竿密被细柔毛及厚白粉，箨环有毛，老竿无毛，并由绿色渐变为绿黄色；基部节间长 1 ～ 6cm，中部节间长达 40cm 或更长，壁厚约 1cm（但有变异）；竿环不明显，低于箨环或在细竿中隆起。竿高可达 20 多米，竿高直，坚硬（图 4-1-6）。直径可达 20cm 左右，是建筑上的好材料；竹头是雕刻工艺品的好材料；竹笋是上佳菜肴，称为"玉楠片"。

图 4-1-5　斑竹　　　　　　　　　　图 4-1-6　楠竹

（7）刺楠竹（*Bambusa sinospinosa*）

又名车筒竹，禾本科，簕竹属。因竿和枝丫上均有坚硬的"刺"而得名。丛生型，高大竹类植物。主枝粗长，常为"之"字形曲折，枝条及分枝刺呈"丁"字形开展，竿高 15～24m，直径 8～14cm，尾梢略弯；节间长 20～26cm，常光滑无毛，唯其基部一、二节常于节下环生一圈灰白色绢毛，壁厚 1～3cm；节处稍凸起，解箨后在箨环上暂时留有一圈稠密的暗棕色刺毛，竿高直，挺拔粗大（径有 10 多厘米），肉厚、空小，笋箨无毛，叶子少（图 4-1-7）。多用于建材。

（8）水竹（*Phyllostachys heteroclada*）

禾本科，刚竹属。散生型，竿高 6m，粗达 3cm，幼竿具白粉并疏生短柔毛；节间长达 30cm，壁厚 3～5mm；竿环在较粗的竿中较平坦，与箨环同高，在较细的竿中则明显隆起而高于箨环。竿细长、坚硬，形如钢管，叶稀少，竹质韧性较强。多用于竹家具制作材料，成片大面积生长时可用作造纸材料。

（9）筇竹（*Chimonobambusa tumidissinoda*）

禾本科，寒竹属，属中小型竹类植物。竿高可达 6m，节间圆筒形，竿下部不分枝，绿色，光滑无毛，竿壁甚厚，箨环因有箨鞘基部的残留物而略呈木质环状，竿环格外隆起（图 4-1-9）。分布于四川宜宾和云南昭通等地，即云贵高原东北缘向四川盆地过渡的亚高山地带。其竹节畸形美观，竹材耐虫蛀、抗腐，是制作家具、手杖、日常用品、高档工艺品及装饰品的上佳原材料，产品畅销海内外。

图 4-1-7　刺楠竹

图 4-1-8　水竹

图 4-1-9 箣竹

二、竹材的资源分布

竹类植物分布于热带和亚热带，目前全世界可分为三大竹区，即亚太竹区、美洲竹区和非洲竹区。亚太竹区是世界最大的竹类资源分布区。美洲竹区南至阿根廷南部，北至美国东部。竹类植物在非洲地区的分布范围较小，竹子种类也较少。

我国竹类资源十分丰富，蓄积量大、种类多。由于地理环境和竹种生物学特性的差异，我国竹子分布具有明显的地带性和区域性，大致可分为四个区域：黄河至长江竹区、长江至南岭竹区、华南竹区、西南高山竹区。

三、竹材的结构和性能

竹由竹根、竹竿、竹枝、竹叶等组成。雕刻、家具与室内装饰用材主要选用竹竿部分（除竹根雕等用材外），即竹子的主体。竹竿外观为圆柱形，中空有节，内部为竹隔，两节间的部分称为节间。竹竿圆筒外壳称为竹壁，竹壁的构造有四层，即竹青、竹肉、竹黄、竹膜。竹青在竹壁的外层，组织紧密，质地坚韧，表面光滑，附有一层微薄蜡质，表层细胞常含有叶绿素，老竹叶呈黄色。竹肉是竹壁的中间部分，在竹青和竹黄之间。竹黄在竹壁的内侧，组织疏松，质地脆弱呈淡黄色。竹膜是竹壁的内层，呈薄膜或呈片状物质，附着于竹黄上。竹材结构示意如图 4-1-10 所示。

竹壁横切面上，有许多呈深色的菱形斑点，纵面上呈顺纹股状组织，用刀剔镊拉可使其分离。这就是竹材结构中的维管束，如图 4-1-11 所示。竹材的薄壁组织主要分布在维管束系统之间，其作用相当于填充物，是储存养分的主要组织，细胞壁随竹龄增长而增厚，含水率相应减少，故老竹干缩率较低。竹材干缩率小于木材，其弦向（横向）干缩率大，纵向干缩率较小。当竹子失水收缩后，竹竿变细，纵向变化极小。竹青干缩率最大，竹肉稍次，竹黄再次。竹壁各层收缩的差异性，是造成竹竿干燥时破裂的原因之一。维管束散布在竹壁的基本组织之中，是竹子的输导组织与强固组织的综合体。维管束中的筛管与导管下连鞭根，上接枝叶，沟通整个植物体，并输送营养。由于竹子个体通常比较高大，因此为了保护输导组织的畅通，在输导组织的外缘有比较坚韧的维管束鞘组成的强固组织加以保护。在维管束之间，则具有薄壁组织细胞，它们比较疏松，起缓冲作用，能够增强竹竿弹性。

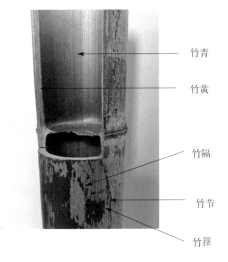

图 4-1-10　竹材结构示意

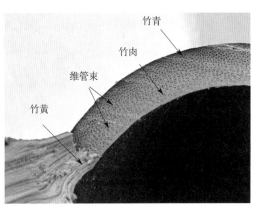

图 4-1-11　竹维管束结构

　　竹材和木材相似，主要由纤维素、木质素和半纤维素构成。不同竹种的竹材中，纤维素含量不同，一般为 40%～60%。同一竹种，不同竹龄、不同部位的竹材中纤维素含量也是有差异的。竹竿不同部位的纤维素含量也存在差异，从下部到上部略呈减少趋势。竹壁内、外不同部位差异显著，由竹壁内层到竹壁外层纤维素含量是逐渐增加的。竹材半纤维素的主要成分包括木糖、阿拉伯糖、甘露糖、半乳糖等多种糖类。竹材的半纤维素不仅能够为竹材提供必要的支撑力，增强其结构强度，而且积极参与到细胞壁的构建过程中，保障细胞壁的稳固形成和良好的结构稳定性。竹材木质素的构成类似于木材，也由三种苯基丙烷单元构成，即对羟基苯基丙烷、愈疮木基丙烷和紫丁香基丙烷。但竹材是典型的草本木质素，含有较高比例的对羟基苯基丙烷。竹材木质素的构成定性地类似于阔叶树材木质素，但结构单位的组成比例有较大差异。

　　竹材的密度是一个重要的物理量，据此可估计竹材的重量，并可判断竹材的其他物理力学性能。同一种竹材，密度越大，机械强度就越大，反之越小。密度与竹种、竹龄、竹竿部位都有密切关系。不同竹种的解剖结构和化学成分的含量不同，因而其密度不同。由于竹子没有形成层，因此从幼龄竹到老龄竹的生长过程中，没有明显的体积增长，但是竹材的细胞壁及其结构随着竹龄的增加，木质化程度提高，内含物增加，因而密度加大。幼龄竹密度最低，1～6年生密度持续增长，5～8年生则稳定在较高的水平，到老龄竹阶段（8年生之后），竹子生命力衰退，由于呼吸作用的消耗和物质的转移，竹材密度呈下降趋势。竹竿部位与密度的关系，就同一种竹竿而言，从竹竿基部到梢部，其密度呈逐渐增加的趋势。这是因为竹材从基部开始维管束的密集度相应增加，从而使竹材的密度加大。同理在竹壁的横断面上，维管束的密集度从外侧向内减少，故靠近竹青侧的密度大，靠近竹黄侧的密度小。

含水率随竹龄的增加而减少。在同一竹竿中，基部的含水率比梢部的含水率高，即竹竿从基部至梢部，其含水率呈逐渐降低的趋势。在同一竹竿、同一高度的竹壁厚度方向上，从竹壁外侧（竹青）到竹壁内侧（竹黄），其含水率逐渐增加。例如新鲜毛竹的竹青、竹肉和竹黄的含水率分别为36.74%、102.83%和105.35%。

竹材质地坚硬，篾性好，还具有很高的机械强度，抗拉、抗压能力均较木材为优，且富有韧性和弹性，抗弯能力很强，不易断折。竹材在高温条件下质地变软，在外力作用下极易弯曲成各种弧形，急剧降温后，可使其弯曲定形。这一特殊性质给竹家具的生产加工带来了便利，并形成了竹家具的基本构造形式和造型特征，使其具有其他材料家具所没有的特殊性能。竹材的力学性能与竹种、竹龄、竹竿部位密切相关。从竹龄上看，幼龄竹材力学性能最低，1～6年生竹材力学性能逐步提高，6～8年生稳定在较高水平，8年生后有下降趋势。从竹竿部位上看，自竹竿根部至梢部，密度逐渐增大，含水率降低，力学性能逐步提高。

四、竹材的应用

1. 竹材人造板

（1）竹材胶合板

竹材胶合板是将竹材加工成竹片、竹条、竹篾、竹帘、竹席、竹束等单元，按胶合板构成原则压制而成的板材。

① 竹帘胶合板：是指将竹竿横截一定长度的竹筒，再将竹筒纵向剖分成竹片，最后纵向剖分成竹篾，竹篾平行排列编织成竹帘，以竹帘为单元，经组坯、胶合压制而成的竹材胶合板（图4-1-12）。

图 4-1-12　竹帘胶合板

②竹编胶合板：是指将竹篾交错编织成竹席，以竹席为单元，组坯、胶合压制而成的板材，也称竹席胶合板（图 4-1-13）。

图 4-1-13　　竹编胶合板

竹材人造板材质均匀，物理力学优良，广泛用于家具制造和室内装饰。

（2）竹集成材

竹集成材是指将竹片经机械加工成一定规格尺寸的方形竹条，以竹条在长度方向顺纹组坯胶合压制而成的板方材（图 4-1-14）。生产竹集成材时经过一定的水热碳化处理，成品封闭性好，可以有效地防止虫蛀和霉变。与木质家具比较，竹材具有较强的物理力学性能，因此在同等承载力强度下，新型竹集成材家具构件能以较小的尺寸满足强度要求，使家具在整体造型上显得更为轻巧，更能体现竹材的刚性以及力的美感。

（3）竹重组材

竹重组材，也称重组竹、重竹，是指将竹片、竹条、竹篾等竹材经辊压疏解等加工成竹束，由竹束或竹束片为构成单元，按顺纹组坯经胶合压制而成的板方材（图 4-1-15）。这是一种将竹材重新组织并加以强化成型的竹质新材料，也就是将竹材加工成长条状竹篾、竹丝或碾碎成竹丝束，经干燥后浸胶，再干燥到要求的含水率，然后铺放在模具中，经高温、高压热固化而成的型材。该材料完全是我国自主开发的新材料，具有良好的力学性能和物理性能。例如浙江方圆木业公司生产的重竹实测材性如下：密度为 1080kg/m³，静曲强度为 206MPa，弹性模量为 17313MPa，表面抗冲击性能为 7mm，甲醛释放为 0.1mg/L，与红木的材性相近。由于重竹家具具有优良的材性，木材般的自然质感，易于加工，是一种可持续发展、绿色环保的材料，因此重竹将会更多地大量应用于家具业，并在应用中不断得到品质的提升。它将为我国家具业发展提供有力的物质保证。

图 4-1-14　竹集成材

图 4-1-15　竹重组材

（4）竹碎料板

竹碎料板也称竹刨花板，是指将竹碎料经干燥、施胶、铺装、热压而成的板材（图 4-1-16）。竹材本身具有较高的硬度和密度，使得竹碎料板具有出色的承重能力和耐磨性。而且，由于竹材的纹理独特且美观，因此，使用竹碎料板可以增添室内环境的自然气息和美感。竹材碎料板具有良好的环保性能。相比传统的木材板材，竹碎料板的生产过程中不需要大量砍伐树木，只需要利用竹子的碎料，从而减少了对自然资源的侵占和破坏。竹材生长迅速，具有可再生性，因此在生产竹碎料板时可以实现资源的可持续利用。竹碎料板不含有害物质，对人体和环境无毒无害。由于竹料优良的性能和环保特性，竹碎料板被广泛应用于家居装饰、建筑材料、家具制造等领域。在家居装饰方面，竹碎料板可以用于制作地板、墙板、天花板等，赋予室内空间自然、清新的感觉。在建筑材料方面，竹碎料板可以用于制作门窗、楼梯、栏杆等，为建筑物增添独有的特色。在家具制造方面，竹碎料板可以用于制作床、桌椅、柜子等家具，结构坚固且美观耐用。

图 4-1-16　竹碎料板

（5）竹塑复合材

竹塑复合材是指将竹粉、竹纤维或竹碎料与热塑性树脂及添加剂充分混合，经挤压、模压或平压等加工而成的板材和型材（图 4-1-17）。它是通过加热使竹材与熔融状态的热塑性塑料进行复合而成，或将有机单体注入竹材的微细结构中，然后采用辐射法或催化剂法等进行处理，使有机单体与竹材组分产生接枝共聚或均聚物的一种材料。该种材料表面光洁、质地密实，既克服了木材强度低和变异性等使用局限性，又克服了有机材料模量低等缺点，具有较好的力学及吸声性能，而且其耐腐蚀，抗虫蛀，吸水性小，易回收，是一种能够替代木材的新型环保材料。竹塑复合材的用途及市场前景非常广阔，可广泛应用于建筑、包装、运输和家装等领域。

（6）竹炭板

竹炭板也称竹炭塑复合板，是指以竹炭粉为主要原料，与塑料及其他助剂复配混合，经熔融挤出或模压成型等工艺制成的板材（图 4-1-18）。活性竹炭板的前期制备工艺与竹炭类似，选用四年生毛竹为原料，经 1000℃高温缺氧炭化成竹炭粉，完成从有机物到无机矿物的转化；将得到的竹炭粉精加工成炭颗粒，辅以挤出成型工艺制备出不同标准的板材。竹炭板具有防水、阻燃、硬度高、强度好、表面平整度高等优点，延续了竹炭的零甲醛，吸附力强，防蛀、防腐、防潮、抗菌，产生负离子，调温、调湿等特性。同时还具有静曲强度高、握钉力好、不变形、不开裂、可雕塑强且可雕刻等性能。另外，废弃的竹炭板可回收利用，在制成竹炭粉料后能够重新制备成竹炭板材应用于家居领域。

图 4-1-17 竹塑复合材

图 4-1-18 竹炭板

2. 竹家具

我国是最早认识和利用竹资源的国家，拥有悠久的竹文化历史传承。对竹子利用的记载，最早可以追溯到仰韶文化时期，在此之后不断拓展其适用范围，创造出大量的竹质用品，很好地满足了生活需要。其中囊括了生产、狩猎工具，饮食器具，建筑与交通运输用具等。除此之外，竹编、竹刻等民间艺术形式也以竹子为载体进行创作，展现出很强的地域文化特征。由此可见，竹材潜移默化地覆盖了人类的衣食住行。在家具制造领域，竹材也充分发挥出它轻巧灵便的优势。由竹材制成的家具，简洁质朴，清新自然。其前期工艺简单，大多仿照木家具的结构设计，因价格低廉、加工便利等因素，在民间广泛推崇。据史料记载，唐宋时期开始出现了竹质高型家具，例如禅椅、官帽椅等，带有鲜明的宗教和民族特色。明清时期是竹制家具发展最为流行的阶段，制作工艺也更加成熟，造型结构越来越精巧，形成了较完整的竹家具系统。近十几年来，我国竹产业体系不断完备，无论是在竹家具产品的质量还是数量上都取得了长足的进步。先进的生产制造技术和设备都已投入使用，基本取代了传统手工工坊加工。随着家具工业化发展与可持续发展观念深入人心，我国竹家具产业成为对外贸易的新亮点，吸引了众多外来投资，对增加人均收入、促进区域经济发展起到了积极作用。目前，全国很多科研机构与技术人员密切关注竹材应用，对竹材的改性优化、提高生产工艺、减少成品消耗等一系列问题攻坚克难。竹质家具缓解环境压力、维护生态的良好效益现已受到各界广泛肯定，不难预测未来的竹家具前景十分广阔，针对克服板材虫蛀、开裂变形、脱胶等弊端也会不断提出更科学合理的解决途径。竹家具天然的色泽和独特的纹理质感深受现代消费人群的喜爱。无论是古色古香的圆竹家具，还是现代竹集成材家具、重组竹家具，都保留了原有竹材的属性，展现出质朴浑然的自然美，增强了人与自然生态的亲近感。竹质家具的造型色彩，在赋予使用者舒适惬意情绪的同时，还淡淡蕴含着江南美景纤秀雅致，与禅宗文化讲求的"简素之美""气韵之美"的意境相贴合。将其置于室内能够使居室透出一股宁静与和谐的氛围。竹材不仅硬度高，韧性好，纵向抗拉强度与断裂韧性也均优于大部分木材。市场上的竹质家具所选用的原材料多为产自湖南、广西、江西、福建的优质楠竹。此类竹材的抗拉强度、抗压强度约为一般木材的2.5倍。另外竹材表面纹理通直，劈裂性好，易于加工。经由编织、弯曲等工艺能够得到造型各异的竹质家具，可满足不同用户的外观需求。此外，制作成的竹质家具由于竹材热导率低、冬暖夏凉的特点，还能够有效调节室内湿度，有益于人体健康。尤其板材经过深度炭化后，加工成的竹家具恒久不变色，更能加强吸附室内有害气体的作用。

（1）圆竹家具

把中空带有结节的竹竿茎作为家具主要的制作部件。圆竹家具在中国古代就已经诞生，传统的竹家具就有多种类型，比如竹床、竹榻、竹椅和竹桌等。竹床和竹榻是最先被发明的，先秦时期，将竹片制作成的床叫作"第"，到了汉朝时期，床被视为卧具，也能用于坐具，在隋唐出现了桌子、椅子和凳子，所以得到了广泛的应用，由此床也被当时的人们视为专供睡卧的家具。竹床的应用在宋代得到了进一步的推广与应用，出现了大量的竹椅、竹凳、竹桌。从传统圆竹家具材料、结构、功能以及外观等方面来看，它们缺少一定的创新性，与其他家具比较，缺少现代性和高级感，市场需求逐渐狭窄。现如今，圆竹家具造型设计进行了创新，通过圆竹家具制作技术与工艺的改进，不仅可以保留圆竹特有的质感与性能，还有效弥补了圆竹干裂走形的缺陷问题，制作出来的高质量、外形美观的圆竹家具，既具备实用功能，又具有一定的观赏价值，能够让人们体会到一种回归自然的舒适感觉，感受到我国传统文化的气息。圆竹家具是我国主要的传统竹质家具，如今市面上常见的圆竹家具基本上都是以弯曲形式出现的。圆竹弯曲家具主要是指将圆竹竹筒通过加热或开槽弯曲而制成的一类曲线形家具。圆竹家具弯曲构件的接合方式常使用包接、榫接、并接等，采用此类接合方式的家具框架受力性能良好，如图4-1-19和图4-1-20所示。

（2）竹集成材家具

在生产制作过程中，将竹材通过加工形成小料，然后用胶拼接成大面积竹板，经过锯裁、镂铣、开槽和装配等流程，以家具形式呈现。竹集成材家具结构类型主要有板式家具和框架式家具两种。竹集成材色泽淡雅，具有东方古典历史文化的魅力。框架式家具包含仿古（明清）家具、现代家具两种，仿古家具的颜色以深色为主，所用的材料是炭化的竹集成材。竹集成材家具实际制作时，采用竹材旋切单板用以表板，通过竹材弦面＋径面＋端面方式完成拼花处理，如此一来，可以得到较好的装饰效果。竹集成材家具优势诸多，较为稳定，不容易发生开裂，具有很高的强度，生产中需进行水热处理，因此封闭性很好，能够避免竹家具发生霉变或者出现虫蛀的情况。目前，市面上的竹集成材家具大致分类：一是竹集成材榫卯家具，造型和结构与传统硬木家具类似；二是竹集成材板式家具，易组易拆，造型简约，形式多样；三是竹集成材弯曲家具，造型新颖，具备时尚个性色彩。竹集成材是具有中国色彩的复合材料，同时，榫卯也是带有中国符号的家具结构，以其深厚的历史底蕴、丰富的文化内涵等特质成为中国传统文化的重要组成部分，如图 4-1-21 和图 4-1-22 所示。

图 4-1-19　笻竹家具

图 4-1-20　楠竹家具

图 4-1-21　竹集成材家具（一）

图 4-1-22　竹集成材家具（二）

（3）重组竹家具

也称重竹家具，具有优良的材性，木材般的自然质感，易于加工，是一种可持续发展、绿色环保的材料，因此重竹将会更多地大量应用于家具业，并在应用中不断得到品质的提升，它将为我国家具业发展提供有力的物质保证，如图 4-1-23～图 4-1-25 所示。

图 4-1-23　重竹户外家具

图 4-1-24　重竹花架

图 4-1-25　重竹室内家具

3. 竹地板

竹地板是一种新型建筑装饰材料，它以天然优质竹子为原料，经过二十几道工序，脱去竹子原浆汁，经高温高压拼压，再经过多层油漆，最后经红外线烘干而成。竹地板按表面结构可分为径面竹地板（侧压竹地板）、弦面竹地板（平压竹地板）和重组竹地板三大类。按竹地板的加工处理方式又可分为本色竹地板和炭化竹地板。本色竹地板保持竹材原有的色泽，而炭化竹地板的竹条要经过高温高压的炭化处理，使竹片的颜色加深，并使竹片的色泽均匀一致。如图 4-1-26 和图 4-1-27 所示。

图 4-1-26 本色竹地板

图 4-1-27 炭化竹地板

拓展学习

① 苏轼与竹（扫底封二维码查看）。

② 竹材的特种应用。

③ 竹材纤维在复合人造板中的应用。

问题思考

① 竹材的结构是什么？

② 竹材人造板的主要类型有哪些？

任务单

任务单见表 4-1-1。

表 4-1-1　任务单

任务单			
任务名称		小组编号	
日期		课节	
组长		副组长	
其他成员			
任务讨论与方案说明			

方案实施与选材要点

存在问题与解决措施

选材方案展示

任务评价（评分）：

任务完成情况分析	
优点：	不足：

任务二

藤家具材料

> **任务布置**

客户张先生在上海有一座别墅，家里各房间都使用的是天然木质家具。客户想在别院一处休闲区布置藤家具，根据客户需求和不同风格家具类型选配材料完成任务。

> **任务目标**

知识目标：掌握藤家具材料的种类、特点和性能。

能力目标：能够根据藤家具材料的特点和性能进行选用。

素质目标：增强中国传统文化自信。

📖 **任务指导**

藤材在家具制作中应用范围很广，仅次于木材。它不仅可单独用于制造家具，而且可以与木材、竹材、金属配合使用，发挥各自材料特长，制成各种式样的家具。在竹家具中又可作为辅助材料，用于骨架着力部件的缠接及板面竹条的穿连。特别是藤条、藤芯、藤皮等可以进行各种式样图案的编织，用于靠背、坐面以及橱柜的围护部位等，成为一种优良的柔软材料及板状材料。

一、藤材种类及分布和结构性能特点

藤材种类较多，其中产于印度尼西亚、菲律宾、马来西亚的质量为最好，云南、广东等地产的土厘藤、红藤、白藤等质量比进口藤差。进口藤是指从印度尼西亚、菲律宾等东南亚国家进口的藤材，通常纤维光滑细密，韧性强，富弹性，抗拉强度高，长久使用不易脆断，质量最佳。其中上品为竹藤又名玛瑙藤，被誉为"藤中之王"，是价格最为昂贵的上等藤，原产于印度尼西亚和马来西亚。国产藤主要有土厘藤、红藤、白藤、省藤、大黄藤等。土厘藤，产于我国云南、广东、广西。皮有细直纹、色白略黄，节较低且节距长。藤芯韧而不易折断，直径在 15mm 左右，品质好。红藤，产于广东、广西，色黄红，其中浅色者为佳。白藤，俗称黄藤，产于广东、广西、台湾、云南。色黄白，质韧而软，茎细长，达 20m，有节，是藤家具的主要原料品种。省藤，产于广东，是大的藤本，茎长 30m，直径可达 3cm，韧性好。大黄藤，产于云南，色黄褐而光亮、中芯纤维粗而脆，节高，材性硬。

除天然藤条外，市场上还有各种塑料藤条，如丙烯塑料藤条。塑料藤条色彩多样，光洁度好，质轻，易洗涤，但在使用中应尽量避免日光暴晒。

藤材为实心体，呈蔓杆状，有不显著的节，表皮光滑，质地坚韧，富有弹性，便于弯曲，易于割裂，给人温柔淡雅之感、形成暖调的效果。藤茎分藤皮（图 4-2-1）和藤芯（图 4-2-2）：藤皮韧性好，可做编织材料；藤芯，幼嫩材韧性较好，可做编织材料，粗大藤芯韧性和机械强度较好，可做弯曲家具结构。

二、藤材应用

中国对藤材的开发与利用有悠久的历史。汉代以前，高足家具还没有出现，人们坐卧用家具多为席、榻，其中就有藤编织而成的席，《杨太真外传》《鸡林志》《事物纪原补》等古籍中都有对藤席的记载。藤席是当时比较简单的一种藤家具。自汉代以后，由于生产力的发展，制藤工艺水平的提高，中国的藤家具品种日益增多，藤椅、藤床、藤箱、藤屏风、藤器皿和藤工艺品相继出现。中国古籍《隋书》出现以藤为供物，明朝正德年间编撰的《正德琼台志》及随后的《崖州志》记述了棕榈藤的分布和利用。福建泉州博物馆记载明朝郑和下西洋的船上保存着藤家具，这些都证实当时中国藤家具的发展水平。在现存精美的明清家具中，也有座椅是藤编座面。

图 4-2-1　藤皮

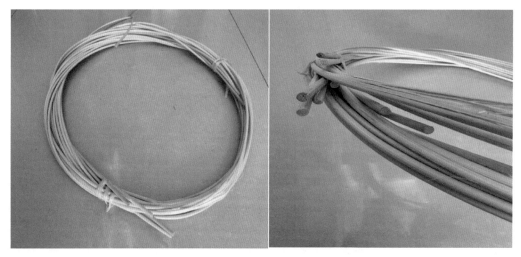

图 4-2-2　藤芯

藤质家具具有色泽素雅、光洁凉爽、轻巧灵便等特点。无论置于室内或庭园，都能给人以浓郁的乡土气息和清淡雅致的情趣。藤材在饱含水分时极为柔软，干燥后又特别坚韧。随着人们环境意识的逐渐增强和回归自然追求的日益盛行，各种藤艺、绿色工艺制品开始走进千家万户，成为新一轮的家居装饰时尚。藤质家具古朴、清爽的特点渐获消费者青睐。

藤质家具按构成材料不同主要分为全藤家具、藤木家具、藤竹家具、藤金属家具等。

全藤家具（图 4-2-3）是指所有零部件（除五金件、装饰件、配件之外）均由天然藤或仿藤材料制成的家具；藤木家具（图 4-2-4）是指以木材或人造板等木质材料为主要组成构架或构件，外部采用天然藤或仿藤的藤皮、藤芯编织或缠结而成的家具；藤竹家具（图 4-2-5）是指以竹质材料为主要组成构架或构件，外部采用天然藤或仿藤的藤皮、藤芯编织或缠结而成的家具；藤金属家具（图 4-2-6）是指以钢或铝等金属板材、管材为主要组成构架或构件，外部采用天然藤或仿藤的藤皮、藤芯编织或缠结而成的家具。

图 4-2-3　全藤卧室家具

图 4-2-4　藤木客厅家具

图 4-2-5　藤竹休闲家具

图 4-2-6　藤金属茶几

拓展学习

① 藤材的特种应用。

② 藤材纤维在复合板材中的应用。

问题思考

① 藤材的结构是什么?

② 藤材家具的主要类型有哪些?

任务单

任务单见表 4-2-1。

表 4-2-1　任务单

任务单				
任务名称		小组编号		
日期		课节		
组长		副组长		
其他成员				

任务讨论与方案说明

方案实施与选材要点

存在问题与解决措施

选材方案展示

任务评价（评分）：

任务完成情况分析	
优点：	不足：

笔记

家具
与
室内
装饰
材料

项目五

地面装饰材料

随着现代社会经济的发展和人们生活水平的不断提高，人们对室内装饰质量和效果的要求越来越高。室内设计是一种空间上的造型艺术，目的是对室内空间进行优化和改善，而室内设计更离不开装饰材料的衬托。地面装饰材料是室内设计中必不可少的元素，在室内设计中起到至关重要的作用。地面装饰材料是人们接触最多的一个部分，直接影响到使用者的舒适性。地面装饰材料自身不但基于美学原则而设计，同时也能够通过不同色彩、纹理、类型的组合形式，使得建筑空间更加精美，带给人不同视觉感受，打造出时尚美观的建筑空间。

随着时代的发展和科学技术的进步，地面装饰材料的品种日益增加，地面装饰材料一般有地板、地毯、陶瓷、石材等，广泛应用于室内装饰中的卧室、厨房、卫生间、阳台等空间。

任务一

地板

> **任务布置**

李先生的新房已做好顶棚和墙面的选材方案，但在地面装饰材料的选择上遇到了困难。李先生的家庭成员较多，有年长的老人，有年少的孩子，李先生的爱人又偏好木材的天然质感。现需要综合考虑产品造价、外观美感、质感优劣、家庭成员、兴趣喜好等方面，最终制定选材方案，完成任务。

> **任务目标**

知识目标：掌握常用地板的种类和特点。

能力目标：能够根据客户的需求合理选用地板。

素质目标：培养学生的奋斗精神和民族自豪感。

任务指导

在地面装饰材料中，地板所涵盖的材料种类较多，并非只是传统意义上的实木地板，根据装饰风格、用户需求、产品造价等方面的不同，地板又分为实木地板、实木复合地板、强化地板、塑胶地板等。

一、实木地板

实木地板是以天然木材为原材料，经制材、干燥、开料、开榫、砂光、涂饰等加工工序而制成的产品，如图 5-1-1 所示。实木地板是最传统的地板，具有天然的纹理和材色、良好的回弹性、良好的隔声隔热性等特点，是卧室、客厅、书房等地面装饰的理想材料，颇受大众的喜爱。

图 5-1-1　实木地板

1. 实木地板的种类

（1）按形状分类

实木地板按照形状分为条状实木地板、方块状实木地板和拼花实木地板，其中条状实木地板规格是常见的，也是应用最为广泛的。条状实木地板的常用规格为 450mm×60mm×16mm、600mm×92mm×18mm、750mm×60mm×16mm、900mm×90mm×16mm 等。拼花实木地板的常用尺寸为长 250～300mm，宽 40～60mm，厚 20～25mm。

（2）按表面涂饰分类

实木地板按照表面涂饰分为涂饰地板和未涂饰地板。所用的涂饰材料为 UV 漆。涂饰地板是指实木地板在出售前已经在工厂预先涂饰 UV 漆，免去现场的施工环节。未涂饰地板并非不进行涂饰处理，而是在实木地板铺装完工后现场涂饰，以获得更好的装饰效果。

（3）按铺装方式分类

实木地板按照铺装方式分为榫接地板、平接地板、镶嵌地板等，最常见的是榫接地板。

（4）按原材料分类

实木地板按照原材料分为国产材地板和进口材地板，国产材地板又分为针叶材地板和阔叶材地板，如表 5-1-1 所示。

表 5-1-1　地板按照原材料分类

种类		树种
国产材地板	针叶材地板	针叶材实木地板较少，常用于复合地板的芯材。树种有红松、落叶松、云杉、油杉、水杉等
	阔叶材地板	水青冈、水曲柳、枫桦、榆木、黄杞、槭木、白蜡木、红桉、柠檬桉、核桃木、椿木等
进口材地板		紫檀、柚木、花梨木、酸枝木、龙脑香、木夹豆、乌木等

2. 实木地板的鉴别

实木地板的鉴别是地面装饰材料选购过程最为重要的问题。实木地板分 AA 级、A 级、B 级三个等级，其中 AA 级质量最高。实木地板质量的优劣取决于选材、含水率、耐磨性、加工精度、抗冲击性等方面。

（1）选材

实木地板的选材可从产地、色差、纹理、质地、预处理方式等方面入手。例如，同一树种由于产地的不同，质地和价格会有较大的差别；源于同一棵树的板材也会有色差，应尽量选择色差较小的产品；应尽量选择直纹理、软硬适中、光泽细腻的产品；合理的水热处理、汽蒸处理等预处理会提高实木地板的尺寸稳定性；表面不得有明显的节子、开裂、腐朽等缺陷。

（2）含水率

木材为天然多孔性材料，具有天然吸放湿特性，木材又是各项异性材料，不合理的干缩湿胀会引发开裂、变形等问题。而引起木材干缩湿胀的主要原因是木材中含水率的变化。就实木地板而言，潮湿气候会引发实木地板出现局部或大面积的隆起，干燥气候则会引发实木地板出现开裂。因此，在选购实木地板时应格外考虑使用地点的平衡含水率，并采取一定的防护措施。

（3）耐磨性

实木地板的耐磨性是最重要的鉴别参数，是衡量复合地板质量的一项重要指标。实木地板耐磨性的好坏直接决定产品的使用年限和质量。实木地板的耐磨性与木材的关系不大，而与漆的质量和厚度有关。实木地板的耐磨性可用耐磨仪检测，以耐磨转数为参数鉴别，室内用地板的耐磨转数不得低于 6000r/min，室外用地板的耐磨转数不得低于 10000 r/min。

（4）加工精度

实木地板的加工精度可从产品的长度、宽度和厚度公差、表面平整度、榫槽公差、拼接公差等方面入手。产品鉴别时，可取出 10 块产品进行拼装，检查贴面缝隙，缝隙大小不得超过 1mm，检查榫头和企口拼接缝隙，缝隙大小不得超过 0.2mm。

（5）抗冲击性

实木地板应具有一定抗冲击性，以防止因物品掉落而造成板面凹陷。实木地板的抗冲击性与漆膜质量和木材质地有关，漆膜韧性较好、木材材质较硬的地板抗冲击性较高。

3. 实木地板的保养

实木地板在使用中应多注意保养（图 5-1-2），否则便会出现漆膜损坏、板面变色、开裂、变形等问题，实木地板的保养可从以下几个方面考虑。

图 5-1-2　实木地板保养

（1）清洁保养

清洁实木地板时，应避免使用湿拖把，尽量使用浸有家具蜡的软布进行擦洗。不得采用酸、碱性溶剂或汽油等有机溶剂擦洗。

（2）避免划伤

注意避免金属锐器、玻璃瓷片等坚硬物器划伤实木地板；搬动家具时也不要在实木地板表面拖挪；桌椅或重家具等容易磨损处应放置保护垫。

（3）避免直晒

注意避免将实木地板长期暴露在阳光下直晒，否则会引起地板的严重变色，影响外观质量。

二、实木复合地板

不可否认，实木地板具有很多优点，尤其是其天然的纹理和材色，给人们带来自然的装饰之美。然而，实木地板对使用环境的温湿度条件要求较高，后期清洁也需要定期的专业保养，再加以自身高昂的价格，实木地板已不能满足大众的需求。但是，具有木质感的地面装饰材料仍是大众最为青睐的材料，因此，实木复合地板走进了大众的视野。此类地板不但在外观上保留了木材天然的质感，而且在结构上打破了木材的天然构造，提高了产品的尺寸稳定性，可以应对更为复杂的室内装饰环境。

　　实木复合地板又称实木多层木地板，是将木材刨切成单板（一般分为表板、芯板和底板），施加胶黏剂，按照纵横交错的方法进行排列组坯成三层、五层或多层（一般为奇数层），然后在一定温度和压力下压制而成的地板，如图 5-1-3 所示。

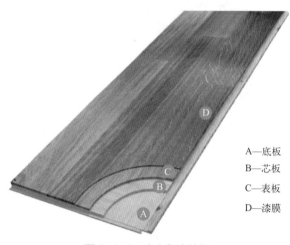

A—底板
B—芯板
C—表板
D—漆膜

图 5-1-3　实木复合地板

　　在原材料上，实木复合地板仍采用纯天然的木材，外观上保留了实木地板的纹理和质感，使用上保留了舒适的回弹性脚感；在结构上，采用了纵横交错的组坯方式，打破了天然木材的结构，使得干缩湿胀在弦向和径向上有了相互牵制，大幅提高了产品的尺寸稳定性，应用领域更为广泛；在价格上，相比实木地板更适合大众使用（图 5-1-4）。

图 5-1-4　实木复合地板的装饰效果

1. 实木复合地板的分类和结构

实木复合地板分为三层实木复合地板和多层实木复合地板，常用规格有802mm×150mm×15mm、800mm×20mm×15mm、910mm×125mm×12mm、910mm×125mm×15mm等。

（1）三层实木复合地板

三层实木复合地板由表板、芯板及底板组成。表板一般为4mm厚的硬质木材，如樱桃木、水曲柳、柞木等；芯板一般为9mm厚的软木，如松木、杨木等，以提供隔声、缓冲等功能；底板一般为2mm厚的旋切单板，如松木、杨木等，以提供平衡应力、防潮抗湿的功能。三层实木复合地板的总厚度一般为14～15mm。

（2）多层实木复合地板

多层实木复合地板以多层胶合板为基材（或称芯层），表板一般为1.2mm厚硬木单板，多层胶合板一般为三层或五层，每层厚度一般为0.2～0.8mm。多层实木复合地板的总厚度一般不超过12mm。

此外，无论是三层实木复合地板还是多层实木复合地板，在结构上都不能忽视表面漆膜的存在。以三层实木复合地板为例，在表板之上会涂饰UV漆，以保持表板的木质感，并提高耐磨性。

2. 实木复合地板的鉴别

实木复合地板与实木地板的鉴别方法相同，但实木复合地板在结构上完全不同于实木地板，除考虑选材、含水率、耐磨性、加工精度等方面之外，还应考虑吸水厚度膨胀率和甲醛释放量。

（1）吸水厚度膨胀率

吸水厚度膨胀率是人造板质量检测的重要指标，简言之就是板材抗潮湿能力。优等产品的吸水厚度膨胀率在2.5%以下，一等产品的吸水厚度膨胀率在4.5%以下。

（2）甲醛释放量

实木复合地板是由多层单板通过胶黏剂重新组合而成的，且一般采用脲醛树脂胶黏剂，存在甲醛释放超标的风险。因此，在对实木复合地板进行鉴别时，务必要考虑甲醛释放量是否超标。合格的实木复合地板的甲醛释放量不得超过9mg，现在常以E1级作为标识，即甲醛释放量不得超过1.5mg/L。

三、强化地板

无论是实木地板还是实木复合地板，在原材料上仍是选用具有一定径级大小的天然木材，且在木材利用率上仅为30%～40%。在木材短缺的时代背景下，仍需探索一种新型的木质感地板，在达到预期装饰效果的同时节约木材的消耗。鉴于此，一种花色丰富、尺寸稳定、安装便捷、生态环保、造价低的地板——强化地板问世了，如图 5-1-5 所示。强化地板诞生于 20 世纪 80 年代的欧洲，1994 年进入我国，凭借诸多的优点，完美迎合了现代人的生活方式，颇受广大消费者的喜爱。

图 5-1-5　强化地板

强化地板又称强化复合木地板或浸渍纸层压木地板，具有强度大、硬度高、造价低、规格统一、花纹丰富、施工方便（无须预设龙骨）、尺寸稳定、耐磨、耐腐蚀、易清洁等优点，但存在天然质感缺乏、甲醛释放量超标、脚感稍硬、遇水易膨胀且无法修复等缺点。强化地板的长宽一般为 1215mm×196mm、1215mm×192mm、2200mm×195mm，厚度一般为 6mm、8mm、14mm。

1. 强化地板的结构

强化地板为四层结构，从上至下依次是耐磨层、装饰层、芯层和平衡层。

（1）耐磨层

耐磨层采用具有超强硬度和耐磨性的三氧化二铝。强化地板要求选用极细的三氧化二铝，以达到既不遮盖装饰纸上的花纹和色泽，又能均匀而细密地附着于装饰层的效果。强化地板的三氧化二铝用量为 $32g/m^2$ 或 $45g/m^2$，而用于人流量较大的公共场所时，用量需达到 $62g/m^2$。

（2）装饰层

装饰层采用一层经树脂浸渍的厚纸，厚纸上印刷有经计算机仿真技术模拟的花纹，如珍贵树种花纹、大理石花纹、花岗石花纹、皮纹等图案，外观丰富多样、真实自然，且具有强力抗紫外线能力，不易因阳光长期照射而褪色。

（3）芯层

强化地板的品质优劣很大程度取决于芯层的质量。芯层采用 7 ~ 8mm 厚的中密度纤维板或高密度纤维板。用于强化地板的芯层要求具有胶合强度高、静曲强度高、弹性模量高、表面平整、密度均匀、游离甲醛含量少、防潮性能好等特点。质量要求较高的强化地板芯层密度不低于 $800kg/m^3$。

（4）平衡层

平衡层采用浸渍三聚氰胺树脂且具有一定强度的厚纸，以起到防潮和平衡的作用，防止地面的潮气和水分侵入地板，同时也防止地板出现翘曲变形的现象。

2. 强化地板的鉴别

强化地板的鉴别与实木复合地板相同，可从选材、含水率、耐磨性、加工精度、吸水厚度膨胀率、甲醛释放量等方面入手。

四、塑料地板

塑料地板是以聚氯乙烯树脂为原材料制成的软质卷材（俗称地板革）、半硬质块材（又称塑胶地板）和硬质块材，如图 5-1-6 所示。塑料地板具有图案丰富多样、配色柔和、耐磨、耐水、耐污、耐腐蚀、柔韧性好、脚感舒适、易清洁、防滑性好、造价低、施工方便、维修简单等特点，主要用于办公室、展览馆等公共室内空间。塑料地板的规格一般为每卷宽 1800 ~ 2000mm，长 20000 ~ 30000mm，厚度 1.5mm 和 2mm；每块长和宽 300mm 左右，厚度 1.5 ~ 2mm。

图 5-1-6　塑料地板

五、软木地板

软木并非木材，而是自然生长的橡树树皮。橡树是一种特殊的树种，主要分布在地中海沿岸，定期剥取树皮，会生长出新的树皮，早期用于制作葡萄酒瓶的软木塞和羽毛球的头部，而后转至软木地板的制作。软木地板具有回弹性好、脚感舒适、防静电性好、防噪隔声性好、保温隔热性好、生态环保等特点，如图 5-1-7 所示。软木地板除用于家庭地面装饰外还可用于录音棚、会议室、图书馆、阅览室、老年人居所、电教室等室内空间。

图 5-1-7　软木地板

在室内用地板中，除上述材料外，还有竹地板（见"项目四　竹藤家具材料"）、静音地板等。

拓展学习

① 三层实木复合地板和强化地板的安装工艺。

② SPC 地板的特点与应用。

问题思考

① 三层实木复合地板的结构是什么？

② 强化地板的结构是什么？强化地板有哪些优点？

③ 在选购木质地板时需要注意哪些参数？

任务单

任务单见表 5-1-2。

表 5-1-2　任务单

任务单			
任务名称		小组编号	
日期		课节	
组长		副组长	
其他成员			
任务讨论与方案说明			
方案实施与选材要点			
存在问题与解决措施			
选材方案展示			
任务评价（评分）：			
任务完成情况分析			
优点：		不足：	

任务二

陶瓷

❯任务布置

　　李先生的新房已做好顶棚和墙面的选材方案，但在地面装饰材料的选择上遇到了困难。李先生的家庭成员较多，有年长的老人，有年少的孩子，李先生的爱人又偏好木材的天然质感。现需要综合考虑产品造价、外观美感、质感优劣、家庭成员、兴趣喜好等方面，最终制定选材方案，完成任务。

❯任务目标

　　知识目标：掌握常用瓷砖的种类和特点。

　　能力目标：能够根据客户的需求合理选用瓷砖。

　　素质目标：培养学生成为担当民族伟大复兴重任的时代新人。

📖 **任务指导**

陶瓷制品在我国具有悠久的历史，英文 china 一词指的就是陶瓷。丝绸和陶瓷也是汉朝丝绸之路出口的主要制品。基于传统陶瓷的制备工艺，现代陶瓷制品开发出更多的花色、样式、质感，可谓种类繁多，常用于卫生洁具、装饰瓷砖、玻璃瓷砖、园林陶瓷等领域，满足了现代社会对室内装饰材料的需求。

陶瓷按所用原料及坯体致密程度的不同，可分为陶器、炻器和瓷器三类。应用于室内地面装饰领域的陶瓷制品主要有釉面砖、通体砖、抛光砖、玻化砖、锦砖等。

一、釉面砖

釉面砖又称瓷砖，一般由基础材料、装饰层和保护釉面组成。釉面砖是用陶土或瓷土经高温烧制成坯，并施釉二次烧制而成的，产品表面色彩丰富、光亮晶莹，如图 5-2-1 所示。釉面砖正面施釉，背面有凹凸纹，便于与墙、地面基体粘接。釉面砖具有颜色和图案丰富、种类多样、耐急冷急热、耐火、耐腐蚀、耐水防潮、光滑易清洗等特性，主要用于厨房、卫生间、浴室的墙面、地面、台面等处。

图 5-2-1　釉面砖

1. 釉面砖的分类

（1）按原材料分类

釉面砖按原材料不同分为陶制釉面砖和瓷制釉面砖。陶制釉面砖由陶土烧制而成，吸水率较高，强度相对较低，砖体背侧呈红色。瓷制釉面砖由瓷土烧制而成，吸水率较低，强度相对较高，砖体背侧呈灰白色。

（2）按形状分类

釉面砖按形状不同分为正方形砖和长方形砖两类。正方形砖的规格一般有100mm×100mm、300mm×300mm 等，长方形砖的规格一般有200mm×300mm、300mm×600mm 等，厚度为 5～10mm。与正方形砖相比，长方形砖具有方向性，铺设效果不显呆板，可以横铺，也可以纵铺。

（3）按光泽分类

釉面砖按光泽的不同分为高光砖、丝光砖、亚光砖，厨房可选用高光砖，卫生间可选用亚光砖或丝光砖。

2. 釉面砖的选购

（1）看批号

查看所有瓷砖是否出在同一批号，不同批号的产品会有细微的色差。

（2）看平整度

选取任意四块瓷砖，看四块瓷砖是否平整一致。如果不平整，说明产品存在尺寸不一的情况，应及时剔除。

（3）看尺寸

检查外包装上是否标注了精确的尺寸，是否与实物一致，避免瓷砖的长宽尺寸不一。此外，量取每块瓷砖的对角线长度，看是否一致，以确定瓷砖的四角是否均为直角。

（4）看色差

选取任意四块瓷砖，看四块瓷砖是否颜色一致。在光线下观察，好的产品色差小，产品之间色调基本一致。

（5）看釉面

高品质瓷砖的釉面清晰、手感细腻、釉层较厚。可在瓷砖的背面倒水，看是否会渗到瓷砖的表面，如不渗水，则说明瓷砖质地细密、品质好。

（6）测耐磨性

用刀片、剪刀等工具用力在瓷砖上划蹭，看是否有明显的划痕，如无明显划痕，则说明产品质量较好。

（7）测耐污性

采用黑色中性笔或白板笔在釉面砖表面涂画或者倒上酱油、可乐，过几分钟再擦去，能很顺利擦除的釉面抗污较好。

二、通体砖

通体砖是以花岗岩为原材料制备而成的一种地砖，具有高强度、耐磨、耐刮、耐划等特点，如图 5-2-2 所示。通体砖的表面不进行上釉工序，且正反面的材质和色泽一致。通体砖的吸水率较低，故又称为防滑地砖，常用于厨房、卫生间、阳台等地面装饰。

通体砖的花色比不上釉面砖，色彩上较为庄重、浑厚，常会做成仿石、仿古、仿旧的效果。通体砖常有的规格有 300mm×300mm、600mm×600mm、800mm×800mm 等。

三、抛光砖

抛光砖是通体砖坯体的表面经过打磨而成的一种光亮的地砖，也可算是通体砖的一种。抛光砖可以做出各种仿石、仿木效果，如图 5-2-3 所示。但抛光砖在抛光时留下的凹凸气孔容易藏污纳垢。抛光砖适用于除洗手间、厨房和餐厅以外的地面装饰。

图 5-2-2　通体砖

图 5-2-3　抛光砖

四、玻化砖

玻化砖又称全瓷砖或瓷质玻化砖，是以石英砂、黏土为原材料，在 1230℃以上的高温下烧制而成的一种新型的地砖或墙砖，如图 5-2-4 所示。玻化砖常用规格有 600mm×600mm、800mm×800mm、900mm×900mm、1000mm×1000mm。

玻化砖具有光泽度高、硬度大、耐磨性好、吸水率低、色差小、规格多样、色彩丰富等优点。相比于装饰石材，玻化砖的质地更轻、更致密，强度更高，物理力学性能更加优良。近年来，尺寸规格较大的玻化砖已经发展成为室内装饰的主流。玻化砖常用于室内的地面、墙面、柱体和楼梯，以及商场、办公室等空间。

五、锦砖

锦砖又称马赛克，是由色彩、形状不同的小砖拼接而成的，如图 5-2-5 所示。产品出厂时，要求反贴在牛皮纸上，以联为单位进行选购，产品规格边长一般不大于 400mm，单个小砖的规格有 20mm×20mm、30mm×30mm 等。

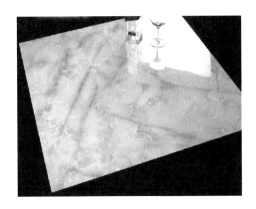

图 5-2-4　玻化砖

图 5-2-5　锦砖

锦砖具有色彩斑斓、耐腐蚀、耐磨、吸水率小、抗压强度高、不褪色等特点。此外，马赛克在颜色和图案上可以拼接成混色、渐变和多种图案，在形状上可以拼接成正方形、长方形、菱形、圆形等，广泛用于阳台、浴室、卫生间、餐厅、厨房等室内小面幅墙面、柱面和地面。

马赛克只是一种材料的形式，随着原材料的发展，已从最初期的陶土拓展到更多的领域，如玻璃马赛克、金属马赛克。玻璃马赛克具有晶莹剔透、光洁多彩等特性，视觉效果更具冲击力；金属马赛克是马赛克中的奢侈品，是高档次的室内装饰材料。

拓展学习

①景德镇陶瓷：千年瓷都的辉煌与传承（扫底封二维码阅读）。

② 微晶玻璃的特点与应用。

问题思考

① 常用的瓷砖有哪些？特点分别是什么？

② 针对室内地面装饰空间，如厨房、客厅、卫生间等，应如何选用瓷砖？

任务单

任务单见表 5-2-1。

表 5-2-1　任务单

任务单			
任务名称		小组编号	
日期		课节	
组长		副组长	
其他成员			
任务讨论与方案说明			
方案实施与选材要点			
存在问题与解决措施			
选材方案展示			
任务评价（评分）：			
任务完成情况分析			
优点：		不足：	

任务三

石材

> **任务布置**

　　李先生的新房已做好顶棚和墙面的选材方案，但在地面装饰材料的选择上遇到了困难。李先生的家庭成员较多，有年长的老人，有年少的孩子，李先生的爱人又偏好木材的天然质感。现需要综合考虑产品造价、外观美感、质感优劣、家庭成员、兴趣喜好等方面，最终制定选材方案，完成任务。

> **任务目标**

　　知识目标：掌握常用石材的种类和特点。

能力目标：能够根据客户的需求合理选用石材。

素质目标：培养学生树立正确的爱国主义和集体主义思想。

📖 **任务指导**

石材是人类最早使用的家具材料之一，具有悠久的历史。古代的石制家具大多是石桌、石凳、石椅，但造型粗笨，不便移动。随着石材加工工艺技术不断提升，越来越多的石材被用于家具产品和室内装饰中。随着科技的进步，不断地开发出各种新型石材，在色彩、纹理、质地上可以满足不同环境及人群的使用，塑造出多样化的意境，体现出多种文化层次，打造更加良好的生活品质。

一、天然石材

天然石材指天然块状石材经锯切、打磨、抛光等工序制备而成的饰面石材。室内装饰中常用的天然石材主要有大理石和花岗石两类。

1. 大理石

大理石是白云石、石灰岩等经过高温高压作用形成的变质岩，多呈层状结构，属中等硬度石材，如图 5-3-1 所示。大理石板材的长宽尺寸多为 600mm×600mm、600mm×300mm、900mm×600m 等。大理石板材的厚度尺寸在逐步向薄型化方向发展，已由 20mm 转向 3mm，目的是高效利用天然石材资源。

大理石主要分为花纹大理石与纯色大理石，如云灰大理石、彩花大理石属于花纹大理石，北京房山等地的汉白玉属于纯色大理石。

（1）大理石的特点与应用

大理石的表观密度为 2600 ～ 2700kg/m³，抗压强度为 100 ～ 150MPa，吸水率 <0.75%。大理石内含灰色、绿色、黑色、玫瑰色等矿物，使得其呈现多彩的花纹，磨光后极为美观，多呈树枝状或枝条状，形似山水。然而，多数大理石的主要化学成分为碳酸钙或碳酸镁等碱性物质，易被空气和雨水中的酸性及盐类物质侵蚀，除个别品种（汉白玉、艾叶青等）外，一般不宜用作室外装饰。

大理石多用于宾馆、展览馆、影剧院、商场、图书馆、机场、车站等公共建筑工程的室内墙面、柱面、栏杆、地面、窗台板、服务台的饰面等，如图 5-3-2 所示。

此外，还可以用于制作大理石壁画、工艺品、生活用品等。高档住宅也用大理石板材做客厅的地面装饰，显得富丽堂皇。墙面装饰大理石的施工操作难度较高，加上面积、造价所限，除别墅等高级住宅外，一般住宅的装饰中很少用大理石板材做墙面装饰。

（2）大理石的品种

大理石的花色繁多，品种多样，如表 5-3-1 所示。

图 5-3-1　大理石　　　　　　　　　图 5-3-2　大理石的装饰效果

表 5-3-1　大理石的品种与特征

名称	特征	名称	特征
汉白玉	玉白色，微有杂点和脉纹	啡网纹	咖啡色间有深浅不一的网状不规则脉纹
雪花白	白色间有淡灰色、规则的中晶石，有较多的黄杂点	大花绿	墨绿色间有深浅各异的云彩状脉纹
大花白	白色间有淡灰色、不规则脉纹	印度绿	深墨绿色，有深浅各异的云彩状脉纹
爵士白	白色间有灰色、浅蓝色不规则脉纹	万寿红	土红色，有不规则脉纹
米黄	暗米黄色，有深浅不规则的杂点和斑纹	珊瑚红	浅土红色，有深色或晶石脉纹和杂点
旧米黄	暗米黄色，有深浅不规则的脉纹和斑纹	西施红	浅土红色，有深浅各异的木纹式脉纹
金花米黄	暗米黄色，有深浅不规则的斑纹和杂点	滨洲沙石	土黄色，有深色脉纹和深色密布的杂点
银线米黄	米黄色，有深浅不规则的脉纹	澳洲沙岩	浅土黄色，有深色脉纹和深色密布的杂点
西班牙米黄	米黄色，略有不规则脉纹和深浅不一的杂点	玫瑰红	米黄色，有深浅各异的血红色不规则脉纹
红线米黄	米黄色，有深浅各异的红色不规则脉纹	香槟红	浅橘黄，有不规则脉纹
挪威红	浅红间白，有云彩般的脉纹	木纹石	土黄色，有深浅各异的晶石脉纹和斑纹
黑白根	黑色，有树根般的脉纹	紫罗红	深红间有白色不规则脉纹
凯悦红	黄色，有深浅各异的不规则脉纹	瑞典红	深血色，有浅色不规则脉纹和深斑纹
玛莎红	黄色，有血红色不规则脉纹	黄花玉	米黄色，有深浅各异的黄色不规则脉纹
凤雪	灰白色，间有深灰色不规则脉纹	云灰	灰色或白色底，有深浅各异的云彩状深灰脉纹
鸵灰	土灰色底，有深浅各异的云彩状深黄色脉纹	艾叶青	青色底，有深灰色云彩状脉纹
秋枫	灰红色底，有深血色云彩状脉纹	墨叶	黑色，有少量白色斑纹和脉纹

2. 花岗石

花岗石是典型的深沉岩，其主要成分是长石、石英及少量云母，属硬质石材，多呈鱼鳞状、片状及斑点状花纹，如图 5-3-3 所示。花岗石板材的长宽尺寸多为 600mm×600mm、600mm×300mm、900mm×600m 等。花岗石板材的厚度尺寸多以 20mm 为标准。花岗石常以花色、特征和原料产地来命名，如北京白虎涧、四川红、青岛灰绿等。

（1）花岗石的特点与应用

花岗石的表观密度为 2600 ～ 2800kg/m³，抗压强度很大，为 120 ～ 250MPa，孔隙率小，吸水率极低，耐风化性能极强，可达上百年；花岗石板材平整光滑、色彩斑斓、质感坚实、华丽庄重、装饰性好。但花岗石的耐火性较差，且某些花岗石含有微量放射性元素，应根据花岗石石材的放射性强度水平确定其应用范围。

天然花岗石经磨光处理后光亮如镜，有华丽高贵的装饰效果，而粗面板材具有古朴坚实的装饰风格。由于花岗石不易风化变质，因此多用于墙基础和外墙饰面，也多用于宾馆大堂、饭店、礼堂等的大厅地面，室内墙面、柱面窗台板等处，如图 5-3-4 所示。

图 5-3-3 花岗石

图 5-3-4 花岗石装饰效果

花岗石板材的表面加工程度不同，表面质感也不一，一般镜面板材和细面板材表面光滑，质感细腻，多用于室内墙面和地面，也用于部分建筑物的外墙面装饰。铺装后，形影倒映，有华丽之感。烧毛处理板材有防滑功能，用于室内防滑地面或墙、地面与光面石材的分界美化、肌理质感对比及室外公共场所地面或建筑物外立面。琢石加工的粗面板材表面质感朴实、粗犷，主要用于室外墙基础和墙面装饰，有一种古朴、回归自然的亲切感。

花岗石构造致密，孔隙率和吸水率极小，耐磨性好，素有"石烂千年"的美称。花岗石多用于墙基础和外墙饰面，也多用于宾馆大堂、饭店、礼堂等的大厅地面，室内墙面、柱面、窗台板等处。

(2) 花岗石的品种

花岗石的花色繁多，品种多样，如表 5-3-2 所示。

表 5-3-2　花岗石的品种与特征

名种	特征	名种	特征
黑金沙	黑色，有大小不同的金点	金丝麻	淡绿色间有不规则深色小杂点
蒙古黑	纯黑色	古典金麻	金黄色间有深浅各异的不规则杂点
珍珠黑	黑色，有水印状脉纹	香槟金麻	黄绿色间有深色斑纹或杂点
济南青	黑色，有不规则白色杂点	金山麻	黄绿色间有深色脉纹
红铝麻	红色间有咖啡色、黑色斑点	莎莉士红	土红色间有深色斑点
啡钻	土黄色间有咖啡色或黑色斑点	美利坚红麻	粉红色间有深色斑点和脉纹
幻彩红	粉红色间有浅红色脉纹	加州金麻	黄色间有深色条纹斑点和脉纹
珊瑚麻	土红色间有浅红色脉纹	娱乐金麻	黄色间有大小不规则斑块
绿星	深绿色间有浅色斑纹和浅绿色星点	粉红麻	粉红色间有深浅各异的斑块
幻彩绿	粉绿色间有深绿色或绿色脉纹或斑纹	桃花红	粉红色间有浅红色、白色纹斑块
天山红	红色间有深浅各异的斑块	英国棕	黑色，有深黄绿色脉纹和斑块
紫彩麻	淡红色间有紫色或红色杂点形成水纹状	金钻麻	金黄色间有深浅各异的斑块
蓝珍珠	深蓝色纹纹间有浅蓝色不规则亮块	树挂冰花	咖啡色间有冰花状浅绿色花纹
紫点白麻	白色间有深色脉纹和深紫色斑点	瑞典紫晶	棕色调间有多种颜色组成的斑块
美利坚沙麻	白色间有深色斑点	绿蝴蝶	黑绿色间有深绿色蝴蝶状斑纹和斑块
蓝麻石	黑蓝色，有深蓝色斑纹和斑块	印度蓝	灰白色间有深红色脉纹和深紫色斑点
紫晶	紫色，有大小不同、深浅各异的斑点	天山白麻	灰白色间有深浅各异的斑块和麻点
巴西红	粉红色间有白黑色斑点	德州红	灰红色间有白黑色斑点
虎皮麻	中黄色间有深咖啡色脉纹	白珠白麻	灰白色间有深浅各异的斑块和麻点
将军红	黑红色，有深色晶石和杂点	橙皮红	红色，有深色晶石和杂点

二、人造石材

随着时代的发展，室内装饰材料也在向轻质、高强、美观、实用等方向发展。天然石材固然拥有诸多的优点，但其天然缺陷却不能满足大众的需求。

人造石材又称合成石材，是以石粉、碎石、胶黏剂为主要原料，经合成、表面处理等工序加工而成的一种新型石材，如图 5-3-5 所示。人造石材具有轻质、高强、耐腐蚀、花纹可控等优点，是现代室内装饰理想的材料。人造石材可分为水泥型人造石、树脂型人造石等。

1. 水泥型人造石

水泥型人造石俗称水磨石，是以各种水泥为胶黏剂，砂为细骨料，天然碎石为粗骨料，经配料、搅拌、成型、养护、打磨、抛光而成的一种人造石材，如图5-3-6所示。水泥型人造石具有原材料来源广泛、施工方便、价格低廉、色彩多样等优点，但装饰性较差，仅用于普通装饰场所，如大型工厂、普通宿舍等。

图5-3-5　人造石材

图5-3-6　水泥型人造石

2. 树脂型人造石

树脂型人造石是以不饱和聚酯树脂为胶黏剂，天然碎石和其他无机填料为骨料，经配料、上色、催化、搅拌、成型、脱膜、抛光等工序加工而成的一种人造石材，如图5-3-7所示。树脂型人造石可在外观上模仿天然大理石和天然花岗石的色彩和花纹，且具有光泽度高、强度高、颜色鲜艳丰富、吸水率低、耐久性好、可加工性强、装饰效果好等优点，尤其是其抗污性要强于天然石材，对酱油、食用油、醋等基本不着色或者只有轻微着色，但具有容易老化、变形等缺陷。

树脂型人造石广泛用于厨房台面、窗台台面等处，也可用于制作洗面盆、浴缸、便器等卫生洁具。使用时应注意避免与高温物体直接接触，避免与尖锐器具接触，严防腐蚀性物品接触表面。

3. 复合合成人造天然石

复合合成人造天然石采用普通水泥、白水泥或有色水泥等无机胶凝材料与石粉配比、混合并与苯乙烯等高分子材料反应形成石材纹理面层的板材，表面经树脂罩光或磨抛光等工艺制成。由于天然石料的种类、粒度和纯度不同，加入的颜料不同以及加工工艺方式不同，因此花纹、图案和质感也就不同，通常可制成仿天然大理石、天然花岗石等。

图 5-3-7　树脂型人造石

三、艺术石材

艺术石材又称文化石，是一类表面具有粗砺质感的小规格砖石，具有回归自然的装饰效果。文化石本身并不具有特定的文化内涵，而是人们回归自然、返璞归真的心态在室内装饰中的一种体现，具有其他材料不可替代的装饰作用。文化石主要有卵石（图 5-3-8）、板岩（图 5-3-9）、页岩、蘑菇石（图 5-3-10）等系列，可用于餐馆、酒店、酒吧、影院等个性商业空间的局部装饰。

图 5-3-8　卵石

图 5-3-9　板岩

图 5-3-10　蘑菇石

拓展学习

① 石材在现代装饰设计中的文化语意。

② 石材在现代家具中的应用。

问题思考

① 大理石和花岗石的区别是什么?

② 石材除应用于墙面和地面装饰方面,还能应用于室内装饰的哪些方面?

任务单

任务单见表 5-3-3。

表 5-3-3　任务单

任务单			
任务名称		小组编号	
日期		课节	
组长		副组长	
其他成员			
任务讨论与方案说明			

方案实施与选材要点
存在问题与解决措施
选材方案展示

任务评价（评分）：

任务完成情况分析	
优点：	不足：

任务四

地毯

> **任务布置**

　　李先生的新房已做好顶棚、墙面和地面的选材方案，计划在入户门、卧室和客厅选用地毯。现需要综合考虑产品造价、外观美感、质感优劣、家庭成员、兴趣喜好等方面，最终制定选材方案，完成任务。

> **任务目标**

　　知识目标：掌握常用地毯的种类和特点。

　　能力目标：能够根据客户的需求合理选用地毯。

　　素质目标：培养学生成为德、智、体、美、劳全面发展的时代新人。

📖 **任务指导**

　　地毯具有悠久的历史，是世界通用的装饰材料，如图 5-4-1 所示。地毯具有脚感好、弹性好、吸尘、保护地面、美化环境的特点，广泛用于宾馆、会议大厅、办公室、会客厅和家庭地面等领域的装饰。

图 5-4-1　地毯

一、纯毛地毯

纯毛地毯采用粗绵羊毛编制，如图 5-4-2 所示。纯毛地毯具有弹性大、抗拉性能好、装饰性好等优点，是一种高级的地面装饰材料。

纯毛地毯又可分为手工编织地毯和机织地毯两类。手工编织地毯做工精细、价格昂贵，仅用于国家级会堂、高级饭店、高级住宅等场所。机织地毯与手工编织地毯的性能相似，但价格远远低于手工编织地毯，广泛应用于会客厅、宾馆、宴会厅、家居等场所。

二、混纺地毯

混纺地毯是以羊毛纤维和合成纤维按比例混纺后编织而成的地毯，如图 5-4-3 所示。混纺地毯的性能介于纯毛地毯和化纤地毯之间，耐磨性能较好，价格低于羊毛地毯。

三、化纤地毯

化纤地毯是以化学纤维为原材料，经过机织法加工成面层织物后，再与麻布等材料复合处理而成的一种地毯，如图 5-4-4 所示。化纤地毯的外观和触感酷似羊毛地毯，具有耐磨性好、弹性好、耐腐蚀性好、防虫性好、色彩鲜艳、易清洗、价格低廉等特点，但材质粗糙，光泽度差，易老化，易产生静电，耐燃性差。

图 5-4-2　纯毛地毯

图 5-4-3　混纺地毯

图 5-4-4　化纤地毯

　　此外，化纤地毯具有一定的危险性，主要是因为其在燃烧时会释放有害气体及大量烟气。化纤地毯常用于旅馆、饭店等公共建筑及普通家庭的客厅、走廊等地面的铺设。

拓展学习

　　① 剑麻地毯的特点和应用。

　　② 地毯的保养方式。

问题思考

　　① 室内地面装饰常用的地毯有哪些？

　　② 如何根据室内装饰区域差别和客户需求合理选用地毯？

任务单

任务单见表 5-4-1。

表 5-4-1　任务单

任务单			
任务名称		小组编号	
日期		课节	
组长		副组长	
其他成员			
任务讨论与方案说明			
方案实施与选材要点			
存在问题与解决措施			
选材方案展示			

任务评价（评分）：

任务完成情况分析	
优点：	不足：

家具
与室内
装饰
材料

墙面装饰材料

随着现代建筑的发展，墙面装饰材料已经成为室内装饰材料中不可或缺的一部分。墙面装饰材料有涂料、壁纸、壁布、人造装饰板石材类、陶瓷类、玻璃类、金属类等。涂料具有美化建筑物的功能，可提高室内亮度，还可起到一定的标志作用和调节室内色彩的作用。壁纸可制成各色图案及丰富多彩的凹凸花纹，赋予墙面艺术性的装饰效果。

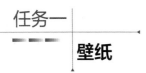

壁纸

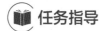 任务指导

一、纸基壁纸

纸基壁纸是以纸为基层，面层用纸经过套色印刷、压花再与纸基裱贴复合制成的（图 6-1-1）。其基底透气性好，能使墙体基层中的水分向外散发，不致引起变色、鼓泡等现象。这种壁纸价格便宜，缺点是性能差、不耐水、不便于清洗、不便于施工，目前较少生产。

图 6-1-1　纸基壁纸

纸基壁纸可制成各种色彩的图案，如仿木纹、竹纹、石纹、瓷砖、布纹、仿丝绸、织锦缎等的艺术装饰壁纸，适用于饭店、宾馆、公共建筑室内及民用住宅的内墙、天棚等饰面装饰。

二、纺织物壁纸

纺织物壁纸是壁纸中比较高级的品种，主要是以丝、羊毛、棉、麻等纤维组织组成，包括丝绸墙纸、真丝墙纸、弹性墙纸等。纺织物壁纸具有质感极佳，透气性良好的特点，同时具备一定的防潮、吸声以及易清洗的优点。纺织物壁纸用作室内装饰时，能够给予人高级、柔和以及舒适的居住感受。

纺织物壁纸适用于宾馆、饭店、办公大楼、会议室、接待室、疗养所、计算机房、广播室及家居卧室等墙面装饰。

三、天然材料壁纸

天然材料壁纸是一种用草、麻、木材、树叶等自然植物制成的壁纸（图6-1-2），包括草席壁纸、麻织壁纸、薄木壁纸，也有用珍贵树种木材切成薄片制成的。墙面立体感强、吸声效果好、耐日晒、不褪色、无静电、透气性好。其特点是风格淳朴自然、素雅大方，生活气息浓厚，给人以返璞归真的感受。

图6-1-2 天然材料壁纸

天然材料壁纸适用于会议室、接待室、影剧院、酒吧、舞厅、茶楼、餐厅、商店的橱窗设计等特殊环境，以及对于壁纸材质有特殊需求的人群。

四、塑料壁纸

这是目前生产最多也是销售得最多、最快的一种壁纸。所用材料绝大部分为聚氯乙烯，简称PVC。塑料壁纸通常分为普通壁纸、发泡壁纸等，每一类又分若干品种，每一品种又有各式各样的花色。

1. 塑料壁纸的特点

（1）装饰效果好

塑料壁纸有各种颜色、花纹、图案，可按设计者的意图施工，达到各种各样的装饰效果。

（2）多功能性

具有吸声、隔热、防菌、防霉、耐水等多种功能。

（3）维护保养简便

纸基涂塑壁纸有较好的耐擦性和防污染性。

（4）施工方便

可用普通胶黏剂粘贴。

2. 塑料壁纸的分类

塑料壁纸的种类繁多，产品丰富，一般的分类方法如表6-1-1所示。

表6-1-1　塑料壁纸的分类

壁纸类型	概念	特点	图片展示
普通壁纸	用80g/m²纸作基材，涂塑100g/m²左右的PVC糊状树脂，再经印花、压花而成	这种壁纸常分为平光印花、有光印花、单色压花、印花压花几种类型	
发泡壁纸	用100g/m²的纸作基材，涂塑300～400g/m²掺有发泡剂的PVC糊状树脂，印花后再发泡而成。这类壁纸比普通壁纸显得厚实、松软	高发泡壁纸表面呈富有弹性的凹凸状；低发泡壁纸是在发泡平面印上花纹图案，形如浮雕、木纹、瓷砖等效果	

3. 塑料壁纸的用途

塑料壁纸（图6-1-3）适用于宾馆、饭店、办公大楼、会议室、接待室、计算机房、广播室及家居卧室等墙面装饰。低发泡印花壁纸图案逼真、立体感强、装饰效果好，并富有弹性，适用于室内墙客厅和内走廊的装饰。高发泡壁纸表面富有弹性的凹凸花纹，具有吸声等多功能效果，常用于影剧院、会议室、歌舞厅等的饰面装饰。

图 6-1-3　塑料壁纸

五、金属壁纸

金属壁纸（图 6-1-4）是以纸为基材，再粘贴一层电化铝箔，经过压花、印花而成。金属壁纸有光亮的金属质感和反光性，给人们一种金碧辉煌、庄重大方的感觉。

图 6-1-4　金属壁纸

金属壁纸无毒、无气味、无静电、耐湿、耐晒、耐用、可擦洗、不褪色，可用于高级宾馆、酒楼、饭店、咖啡厅、舞厅等的墙面、柱面和天棚装饰。其特点是表面经过灯光的折射会产生金碧辉煌的效果。

拓展学习

① 壁纸上的中国色彩（扫底封二维码阅读）。

② 天花吊顶，古法称"轩"（扫底封二维码阅读）。

③ 不当或违规的壁纸施工所带来的隐患。

④ 壁纸市场逐渐走向衰落。

问题思考

① 墙面装饰壁纸有哪些?

② 如何根据客户需求合理选用壁纸?

📋 **任务单**

任务单见表 6-1-2。

表 6-1-2　任务单

任务单				
任务名称		小组编号		
日期		课节		
组长		副组长		
其他成员				
任务讨论与方案说明				
方案实施与选材要点				
存在问题与解决措施				
选材方案展示				
任务评价（评分）:				
任务完成情况分析				
优点:		不足:		

任务二

壁布

> **任务布置**

　　大三学生李某为某家装设计公司设计部实习生，客户对墙面装饰有一定的需求，比较喜欢柔软舒适的质感。针对客户的需求，现需要给出客户完整的解决方案，选择合适的墙面装饰材料。

> **任务目标**

　　知识目标: 了解各类壁布的概念。

　　能力目标: 能够根据客服需求选择合适的壁布产品。

　　素质目标: 培养学生严谨的工作态度。

一、玻璃纤维印花壁布

玻璃纤维印花壁布（图6-2-1）以玻璃纤维布为基材，表面涂以耐磨树脂，印上彩色图案。其花色品种多、色彩鲜艳、不易褪色、防火性能好、耐潮性强、可擦洗，但易断裂老化，涂层磨损后散出的玻璃纤维对人体皮肤有刺激性。

玻璃纤维印花壁布适用于各级宾馆、旅店、办公室、会议室等公共场所。

二、无纺壁布

无纺壁布是采用棉、麻等天然纤维或涤纶、腈纶等合成纤维，经过无纺成型、上树脂、印制彩色花纹而成的一种新型较高级饰面材料。无纺壁布色彩鲜艳，表面光洁、有弹性、挺括、不易折断、不易老化，对皮肤无刺激性，有一定的透气性和防潮性，可擦洗而不褪色。有棉、麻、涤纶、腈纶等品种，并有多种花色图案。

无纺壁布（图6-2-2）适用于建筑物的室内墙面装饰，尤其是涤纶棉无纺壁布，除具有麻质无纺壁布的所有性能外，还具有质地细腻、光滑的特点，特别适用于高级宾馆、高级住宅等建筑物。

图6-2-1 玻璃纤维印花壁布

图6-2-2 无纺壁布

三、纯棉装饰壁布

纯棉装饰壁布（图6-2-3）由纯棉布经过处理、印花、涂层制作而成。强度大、静电小、蠕变变形小，无光、无毒、无味，透气性和吸声性俱佳。但表面易起毛，不能擦洗。

纯棉装饰壁布适用于宾馆、饭店、公共建筑和较高级民用建筑。

四、化纤装饰壁布

化纤又称人造纤维，其发展日新月异，种类繁多，各具有不同的性质，如黏胶纤维、醋酸纤维、三酸纤维、腈纶纤维、锦纶纤维、聚酯纤维、聚丙烯纤维等。既有以多种纤维与棉纱混纺的多纶壁布，也有以单纯化纤布为基材，经一定处理后印花而成的化纤装饰壁布（图6-2-4）。化纤装饰壁布以化纤为基材，经处理后印花而成，无毒、无味、透气、防潮、耐磨。

图 6-2-3　纯棉装饰壁布　　　　　　　　图 6-2-4　化纤装饰壁布

化纤装饰壁布适用于各级宾馆、旅店、办公室、会议室和居民住宅。

五、锦缎壁布

锦缎壁布（图6-2-5）是更为高级的一种壁布，要求在三种颜色以上的缎纹底上织出绚丽多彩、古雅精致的花纹。锦缎壁布柔软易变形，价格较贵，适用于室内高级饰面装饰。

锦缎壁布适用于高级宾馆的客房、饭店和较高级住宅的墙面装饰。

六、天然纤维装饰壁布

天然纤维编织而成的壁布，织物的纤维不同，织造方式和处理工艺不同，所产生的质感效果也不同，给人的美感也有所不同，颇具质朴特性。主要有草编壁布、麻织壁布、棉织壁布，其中麻织壁布质感最简约，表面多不染色而呈现本来面貌，而草编壁布及棉织壁布多做染色处理，表面柔和顺畅。

天然纤维装饰壁布适用于高级宾馆的客房、饭店和较高级住宅的客厅装饰。

七、亚克力纱纤维壁布

以亚克力纱纤维为原料制作的壁布（图6-2-6），质感有如地毯，只是厚度较薄、质感柔和。经过染色原料处理，有各式色彩及组合，以单一素色最多。也有以两种相近色、半调和色或以白色为主要颜色的产品组合方式。对于大面积墙面，以单一素色为佳。

图 6-2-5　锦缎壁布　　　　　　　　图 6-2-6　亚克力纱纤维壁布

亚克力纱纤维壁布适用于宾馆、办公大楼、会议室、接待室及住宅墙面的装饰。

✪ 拓展学习

① 壁布逐渐取代壁纸。

② 壁布选购时的注意事项。

✐ 问题思考

① 墙面装饰壁布都有哪些?

② 如何根据客户需求合理选用壁布?

▤ 任务单

任务单见表6-2-1。

表 6-2-1　任务单

任务单			
任务名称		小组编号	
日期		课节	
组长		副组长	
其他成员			
任务讨论与方案说明			
方案实施与选材要点			
存在问题与解决措施			
选材方案展示			
任务评价（评分）:			
任务完成情况分析			
优点:		不足:	

任务三

涂料

> **任务布置**

　　大三学生李某为某家装设计公司设计部实习生，对接客户的需求为不希望对墙面做过多的装饰，要求墙面效果简洁、大方。针对客户的需求，需要提供给客户合理的解决方案，选择合适的墙面装饰材料。

> **任务目标**

　　知识目标：了解各类涂料的概念。

　　能力目标：能够根据客户需求选择合适的涂料产品。

　　素质目标：培养学生严谨的工作态度。

一、水溶性涂料

1. 106 内墙涂料

该涂料是以聚乙烯醇和水玻璃为基料的内墙涂料，广泛应用于大中城市居民住宅和公共场所的内墙饰面。其操作简单，价格低廉；无毒，无味，不燃；干燥快，施工方便。适用于一般建筑物的内墙饰面。

2. 803 内墙涂料

该涂料是以聚乙烯醇缩甲醛胶为基料配制的水溶性内墙涂料。涂料的基料经过氨基化处理，因而显著减少了施工中甲醛对环境的污染。其附着力、耐水性、耐擦洗性好，适用于机关单位、工厂、商店、学校、居民住宅等一般内墙涂装。

3. 815 内墙涂料

该涂料是一种水性涂料，其基料除采用聚乙烯醇、水玻璃外，还采用了甲醛，使聚乙烯醇的羟基与少量醛进行缩合，这样改性处理后，聚乙烯醇的用量比一般涂料要少。其涂膜细腻柔软，色泽鲜艳，装饰效果好，表面光洁平滑，不脱粉，无反光，黏结力强，有一定的耐水性。该涂料能在任何水泥或石灰墙基面上施工，能调配成各种颜色，涂层干燥快，施工方便，适用于宾馆、医院、学校、商店、机关、住宅等公共及民用建筑。涂料的颜色有钛白、粉红、嫩黄、艳绿、中蓝、翠蓝等，根据施工需要，还可用钛白色调配出其他浅色。

二、乳胶漆

乳胶漆为水性涂料，是以合成树脂乳液为基料，与颜料、填料研磨分散后加入各种助剂配制而成的，具有色彩丰富、施工方便、易于翻新、干燥快、耐擦洗、安全无毒等特点。高档的乳胶漆产品不含铅、汞等有害物质，现在已经成为家装中的主流墙面装饰涂料。

1. 亚光乳胶漆（图 6-3-1）

（1）适用范围

高级酒店、机关等公共建筑及民用住宅的室内墙面、天花板及石膏板等装饰。

（2）产品特点

由优质丙烯酸共聚物制成，亚光效果、流平性佳，漆膜平整滑爽，施工简单方便。漆膜遮盖力好，能够轻松遮盖底材。具有优质防霉抗碱的能力，令墙面历久如新，且颜色多样。

（3）干燥时间

表干 1h，硬干 3h，重涂至少在 2h 后进行（气温 25℃，相对湿度 70%，干燥时间会随环境温、湿度的不同而变化）。

（4）耗漆量

理论值为 4m²/L（以 35μm 干漆膜计，实际耗漆量会因施工方法、底材干硬程度和粗糙度以及施工环境而有差异）。

2. 丝绸乳胶漆（图 6-3-2）

图 6-3-1　亚光乳胶漆　　　　　　　　图 6-3-2　丝绸乳胶漆

（1）适用范围

高级住宅、酒店、机关等室内墙面、天花板及石膏板的装饰。

（2）产品特点

用优质乙酸乙烯丙烯酸为基料。漆膜坚实耐用，附着力佳，耐擦洗。具有丝光效果，可清洗，减少污迹附着。具有优质防霉抗碱的能力，遮盖能力强。手感柔滑，色彩优雅且颜色多样。

（3）干燥时间

表干 1h，硬干 3h，重涂至少在 2h 后进行（气温 25℃，相对湿度 70%，干燥时间会随环境温、湿度的不同而变化）。

（4）耗漆量

理论值为 13m²/L（以 35μm 干漆膜计，实际耗漆量会因施工方法、底材干硬程度和粗糙度、施工环境而有差异）。

3. 珠光乳胶漆（图6-3-3）

图6-3-3 珠光乳胶漆

（1）适用范围

高级住宅、酒店、机关等室内墙面、天花板及石膏板的装饰。

（2）产品特点

由优质改性丙烯酸共聚物制成，漆膜坚实耐用、附着力强、耐擦洗。产品为半光效果，可清洗，减少污迹附着。具有优质防霉抗碱的能力，遮盖能力强，且颜色多样。

（3）干燥时间

表干1h，硬干3h，重涂至少在2h后进行（气温25℃，相对湿度70%，干燥时间会随环境温、湿度的不同而变化）。

（4）耗漆量

理论值为14m²/L（以35μm干漆膜计，实际耗漆量会因施工方法、底材干硬程度和粗糙度、施工环境而有差异）。

✦ 拓展学习

① 不当或违规的乳胶漆施工带来的隐患。

② 乳胶漆施工时的注意事项。

✎ 问题思考

① 墙面装饰涂料有哪些种类？

② 如何根据客户需求合理选用墙面涂料？

📋 任务单

任务单见表6-3-1。

表 6-3-1　任务单

任务单				
任务名称		小组编号		
日期		课节		
组长		副组长		
其他成员				
任务讨论与方案说明				
方案实施与选材要点				
存在问题与解决措施				
选材方案展示				
任务评价（评分）：				
任务完成情况分析				
优点：			不足：	

任务四

墙体软包

❯ 任务布置

大三学生王某为某家装设计公司设计部实习生，此次对接的客户希望对墙体进行软性包覆，要求所用材料环保、柔软，有一定的阻燃性。根据客户的需求，需要提供给客户合理的解决方案，选择合适的墙面装饰材料。

❯ 任务目标

知识目标：了解各类软包的概念。

能力目标：能够根据客服需求选择合适的软包产品。

素质目标：培养学生严谨的工作态度。

墙面软包是一种高档、优雅的室内装饰手法，以其独特的质感和温馨的触感，为现代家居环境带来了无与伦比的舒适与美感。软包墙面通常采用柔软的材料，如皮革、布料或绒面等。这些材料不仅触感舒适，而且能有效地吸声降噪，营造出宁静的居住氛围。

在设计上，墙面软包可以根据个人喜好和整体装修风格进行定制，无论是简约现代还是复古古典，都能找到与之相配的软包款式。其丰富的色彩和纹理选择，更能为室内空间增添层次感和视觉焦点。此外，墙面软包的安装工艺精细，能够完美贴合墙面，达到无缝衔接的效果，进一步提升了空间的整体美感。

除了装饰效果外，墙面软包还具备实用性。它易于清洁和维护，只需用柔软的湿布轻轻擦拭即可恢复如新。同时，软包墙面还具有一定的防撞功能，对于有小孩或老人的家庭来说，无疑增加了安全保障。

一、海绵软包

主要采用聚醚多元醇和有机异氰酸酯经过发泡工艺制成，通过添加发泡剂和其他助剂，可以调控海绵的密度和性能。最后，经过熟化、切割和包装等工序，得到成品海绵软包（图6-4-1）。

图6-4-1 海绵软包

1. 产品特点

（1）良好的吸声效果
海绵材料的多孔结构能够有效吸收声波，降低噪声，为室内空间带来宁静的环境。

（2）触感柔软舒适
海绵软包触感柔软，给人以温馨的感觉，特别适合家庭等需要舒适氛围的场所。

（3）易于加工和安装
海绵材料易于切割和缝制，能够适应各种复杂的墙面形状，安装方便快捷。

2. 材料缺陷

（1）易燃性
普通海绵材料的阻燃性能较差，存在一定的安全隐患。因此，在选择海绵软包时，应注重其阻燃等级和防火处理。

（2）耐水性差
海绵吸水性强，长时间潮湿容易导致发霉、变形等问题，影响使用寿命和装饰效果。

3. 产品常见规格

（1）厚度

常见的海绵软包厚度为 10 ～ 50mm，可根据需求定制不同厚度。

（2）尺寸

标准尺寸通常为 600mm×600mm 或 1200mm×600mm，也可以根据墙面大小和形状进行定制。

4. 清洁保养

使用吸尘器或干净的毛巾轻轻擦拭表面灰尘。避免使用过多的水或化学清洁剂，以防损坏材料。

二、玻璃纤维软包

主要使用玻璃纤维作为增强材料，与树脂（如聚氨酯、丙烯酸酯等）进行复合，接着，通过热压或冷压成型工艺，使树脂固化并与玻璃纤维紧密结合。最后，进行切割、打磨和包装等处理，得到成品玻璃纤维软包（图 6-4-2）。

1. 产品特点

（1）环保无毒

玻璃纤维材料不含有害物质，对人体健康无害，符合环保要求。

图 6-4-2　玻璃纤维软包

（2）良好的吸声性能

玻璃纤维的多孔结构同样具有优良的吸声效果，能够有效改善室内声学环境。

（3）耐高温、防火

玻璃纤维材料具有较高的耐高温性能和防火等级，提高了空间的安全性。

2. 材料缺陷

（1）触感较硬

相比海绵和皮革等材料，玻璃纤维的触感较硬，不够柔软舒适。

（2）美观性有限

玻璃纤维软包的外观相对单一，装饰效果可能不如其他材料丰富多样。

3. 产品常见规格

（1）厚度

玻璃纤维软包的厚度通常为 5 ～ 30mm。

（2）尺寸

常见的尺寸有 500×500mm、600×600mm 等，同样支持定制。

4. 清洁保养

用柔软的布或海绵蘸取温水轻轻擦拭表面。避免使用酸性或碱性清洁剂，以防腐蚀表面。

三、聚氨酯软包

聚氨酯软包（图 6-4-3）的制造工艺与海绵软包相似，但可能在反应条件、添加剂种类和用量等方面有所不同，以获得所需的硬度和弹性。通过熟化、切割、打磨和包装等工序，得到成品聚氨酯软包。

1. 产品特点

（1）高弹性和耐磨性

聚氨酯材料具有良好的弹性和耐磨性，能够长时间保持平整和美观。

（2）优良的吸声效果

聚氨酯的多孔结构使其具有出色的吸声性能，适合各种需要降低噪声的场所。

图 6-4-3　聚氨酯软包

（3）易于清洁和维护

聚氨酯软包表面光滑，不易沾染污渍，清洁方便。

2. 材料缺陷

（1）不耐高温

聚氨酯材料在高温下容易变形和熔化，因此不适合长时间暴露在高温环境中。

（2）可能释放有害气体

一些质量差的聚氨酯材料在生产过程中可能添加有害物质，长时间使用可能释放有害气体，对人体健康造成不良影响。因此，在选择聚氨酯软包时，应注重其环保认证和质量检测。

3. 产品常见规格

（1）厚度

聚氨酯软包的厚度范围较广，从 1 ～ 5cm 不等。

（2）边长

标准尺寸有 600×600mm、800×800mm 等，可定制以适应特定空间。

4.清洁保养

使用干净的湿布或海绵擦拭表面灰尘和污渍，避免使用尖锐物品划伤表面。

四、皮革软包

根据设计要求选择合适的皮革材料，并进行裁剪和缝制。然后将皮革与海绵或其他填充材料复合在一起，形成软包的主体部分。最后，通过缝制、粘贴或其他方式将软包固定在墙面或其他基材上（图 6-4-4）。

1.产品特点

（1）高贵典雅的外观
皮革材料具有天然的质感和纹理，能够提升空间的整体档次和美感。

（2）柔软舒适的触感
皮革软包触感细腻柔软，给人以高档、舒适的感受。

（3）耐磨耐污易清洁
优质皮革具有良好的耐磨性和耐污性，清洁方便且不易留下痕迹。

图 6-4-4　皮革软包

2.材料缺陷

（1）价格较高

皮革软包采用优质皮革作为面料，价格相对较高，可能不适合预算有限的装修项目。

（2）对保养要求较高

皮革材料需要定期保养和护理，以保持其光泽和延长使用寿命。不正确的保养方式可能导致皮革开裂、褪色等问题。因此，在选择皮革软包时，应了解并掌握正确的保养方法。

3.产品常见规格

（1）厚度

皮革软包的厚度通常为 20 ～ 40mm，提供良好的触感和隔声效果。

（2）边长

常见的尺寸有 600mm×600mm、900mm×900mm 等，也可以根据客户需求定制尺寸。

4. 清洁保养

使用干净的湿布擦拭表面灰尘和污渍。对于顽固污渍，可使用专用的皮革清洁剂进行处理。

拓展学习

① 墙体硬包材料及装饰效果。
② 墙体软包施工时的注意事项。

问题思考

① 墙面软包有哪些种类?
② 如何根据客户需求合理选用墙面软包?

任务单

任务单见表 6-4-1。

表 6-4-1　任务单

任务单			
任务名称		小组编号	
日期		课节	
组长		副组长	
其他成员			
任务讨论与方案说明			
方案实施与选材要点			
存在问题与解决措施			
选材方案展示			
任务评价（评分）：			
任务完成情况分析			
优点：		不足：	

家具
与
室内
装饰
材料

项目七

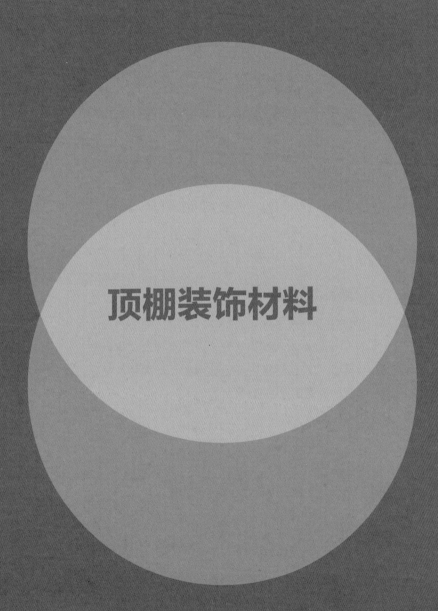

顶棚装饰材料

吊顶是指在建筑物顶部悬挂的一种装饰构造，可以用于遮挡建筑物顶部的各种管线和设备，提升建筑的美观性和整体效果。随着建筑技术的发展和人们对舒适与环境的追求，吊顶样式逐渐增多，功能更加完善。

吊顶最早出现于古罗马时期，当时在建筑物的天花板上贴上一层大理石或石膏，并在上面雕刻精美的花纹。这种装饰形式在中世纪之后逐渐流行起来，后来的宫殿和教堂也开始采用，以提升建筑的质感和美观度。

在19世纪末20世纪初，随着工业革命和建筑技术的进步，吊顶的材料和形式发生了较大的改变。开始使用铁和钢材制作吊顶，并采用更多样化的设计，例如平板、弧形、韵律线条等。这些新材料和设计大大丰富了吊顶的表现形式，并开始在公共建筑和居民住宅中广泛使用。

到了20世纪50年代，吊顶发展进入一个新阶段，开始用石膏板和纤维板制作吊顶。这种材料不仅质轻、易安装，而且可以进行各种形状的切割和雕刻，增加了吊顶的表现力，并且更加适应了当时的建筑风格。

而到了20世纪80～90年代，随着建筑科技和材料的革新，吊顶的功能要求也越来越高。以矿棉板为代表的吸声吊顶开始大规模应用于建筑物中，用以减少或消除声响，提供更好的室内环境。另外，还发展出各种防火、防水和防霉的吊顶材料，提高了建筑物的安全性和耐久性。

21世纪以来，吊顶在设计和功能上的创新仍在持续。越来越多的照明和通风设备嵌入吊顶中，形成了一体化的设计，提升了室内空间的舒适性和美观度。同时，随着环保意识的提高，使用绿色环保材料制作吊顶也成为一种趋势。

总结来说，吊顶作为一种建筑装饰材料，经历了多个阶段的发展，从传统的石膏板到现代的纤维板和矿棉板，不断创新和演变，以适应建筑技术的变革和人们对舒适和环境的需求。随着科技的进步和人们对室内环境要求的不断提高，吊顶的发展历程还将继续，为建筑物营造更加美观、舒适的室内空间。

任务一

龙骨

> **任务布置**
> 大三学生李某为某家装设计公司设计部实习生，当前客户房产为洋房一楼类型，需要全屋布设新风设备。由于顶棚管线较多，需要全屋吊装纸面石膏板，考虑材质耐用、施工便利性以及价格等方面的因素，结合现阶段市场主流龙骨材料的特性，需要对材料进行选择，完成整体吊装方案。

> **任务目标**

　　知识目标：了解各类龙骨的概念。

　　能力目标：能够根据装饰场景、区域做出正确的龙骨材质选择。

　　素质目标：培养学生严谨的工作态度。

📖 任务指导

　　龙骨，作为室内装饰的构造之一，不仅是支撑与固定吊顶材料的核心元素，更是美学与实用性的完美融合。它广泛应用于豪华酒店、高端会所、艺术剧场、精品商场等高端场所，为室内空间结构的构建提供了多种可能。龙骨按照材质可以大致分为轻钢龙骨、木龙骨、铝合金龙骨、钢龙骨等。

　　在室内装饰的舞台上，龙骨扮演着不可或缺的角色。它不仅是装饰材料的稳固基石，更是塑造空间美感的基础。在吊顶装饰中，龙骨以其精致稳固的结构，将吊顶材料紧紧固定，展现出平整与稳定的美学魅力。

一、轻钢龙骨

　　轻钢龙骨是以优质的连续热镀锌板带为原材料，经冷弯工艺轧制而成的建筑用金属骨架，如图 7-1-1 所示。轻钢龙骨适用于多种建筑物屋顶的造型装饰、棚架式吊顶的基础材料。此外，还可以用于以纸面石膏板、装饰石膏板等轻质板材做饰面的非承重墙体。作为现代室内装饰用材的一种，轻钢龙骨融合了高强度与轻盈之美，其抗水、防震、防尘、阻燃等多重功效，为室内空间带来恒久稳定的保障。

图 7-1-1　轻钢龙骨

1. 轻钢龙骨的分类

　　轻钢龙骨按用途不同可分为吊顶龙骨和隔断龙骨，按断面形式不同可分为 V 形、C 形、T 形、L 形、U 形龙骨，如表 7-1-1 所示。

表 7-1-1　轻钢龙骨的分类

龙骨类型	概念	用途	图片展示
U 形	一种常用的建筑材料,用于吊顶、隔断、墙体等建筑装饰中。其断面为 U 形	U 形轻钢龙骨通常用于纸面石膏板吊顶或隔墙	
C 形	一种常用的建筑材料,用于吊顶、隔断、墙体等建筑装饰中。其断面为 C 形	C 形轻钢龙骨一般用于装饰材料,如矿棉板、硅酸钙板等	
L 形	一种常用的建筑材料,用于吊顶、隔断、墙体等建筑装饰中。其断面为 L 形	L 形龙骨为边龙骨,主要作用是连接吊顶骨架与室内四面墙或柱壁	
T 形	一种常用的建筑材料,用于吊顶、隔断、墙体等建筑装饰中。其断面为 T 形	T 形龙骨是一种形状类似于字母"T"的金属材料,通常由镀锌钢板或镀锌钢带制成。在建筑工程中,T 形龙骨用于搭建轻型隔墙和天花板的框架结构。它是整个建筑系统的关键组成部分,承担着支撑和承重的功能	

　　轻钢龙骨的标记顺序为:产品名称、代号、断面形状的宽度和高度、钢板厚度和标准号。如断面形状为"C"形,宽度为 50mm,高度为 15mm,钢板厚度为 1.5mm 的吊顶龙骨标记为:建筑用轻钢龙骨 DC50×15×1.5(GB/T 11981)。

2. 轻钢龙骨安装时常用的接插件

轻钢龙骨安装时常用的接插件如表 7-1-2 所示。

表 7-1-2　轻钢龙骨安装时常用的接插件

接插件类型	概念与用途	图片展示
吊杆	是连接吊顶和顶部结构的承重部件,通常由钢筋或钢线制成,具有足够的强度和稳定性	

接插件类型	概念与用途	图片展示
龙骨连接件	用于连接主龙骨和副龙骨，确保吊顶的整体性和稳定性，通常由金属材料制成，如钢或铝合金	
吊件	吊件是连接吊杆和龙骨的关键部件，用于将吊顶的重量传递到吊杆上。吊件通常由金属或塑料制成，具有一定的承重能力和调节功能	
U形安装夹	U形安装夹用于调整副龙骨的表面平整度，并固定副龙骨。它通常由金属材料制成，具有一定的弹性和夹紧力	

二、木龙骨

木龙骨通常指木方，对于室内装饰工程，吊顶中的木龙骨常由 30mm×40mm 的足尺木方构成。

室内装饰中吊顶使用的木龙骨，其原材料主要是木材，如松木、杉木和椴木，但通常市面上流通最广的还是以松木为原料，称为木方。这些木材经过加工处理，被切割成长方形或正方形的木条，这就是木方这个名字的由来。木龙骨因其易于造型和安装便捷的特点，在室内装饰中得到了广泛应用。

然而，需要注意的是，木龙骨虽然具有多种优点，但它不防潮、不防火，因此在使用时需要做好相应的防火防霉处理。此外，木龙骨的承重能力有限，所以在设计吊顶时需要考虑到这一点，避免吊顶过重导致安全问题。

木龙骨连接时使用的材料如表 7-1-3 所示。

表 7-1-3　木龙骨连接时使用的材料

材料名称	概念与用途	图片展示
白乳胶	通常称为白乳胶或简称 PVAC 乳液，化学名称为聚乙酸乙烯胶黏剂，是由乙酸与乙烯合成乙酸乙烯，添加钛白粉(低档的则加轻钙、滑石粉等粉料)，再经乳液聚合而成的乳白色稠厚液体。其干燥快、初黏性好、操作性佳、粘接力强、抗压强度高且耐热性强。在木龙骨吊顶中用于涂刷龙骨切割槽口	

材料名称	概念与用途	图片展示
龙骨钉	钉子的铁片上有直径为 6mm、8mm、10mm 的螺纹孔。这个螺纹孔刚好对接丝杆，也叫吊杆或者螺杆。然后往下继续连接龙骨，最后实现吊顶安装。一体钉操作简单，工作方便，不需要用电，不需要打孔，干净且高效	
防火漆	防火漆是一种特种涂料，又称为防火涂料或阻燃涂料。它主要应用于可燃性基材表面，以降低被涂材料表面的可燃性，阻滞火灾的迅速蔓延，从而提高被涂材料的耐火极限。防火漆的主要成分通常包括氯化石蜡、氯化橡胶、氯化萘和硼酸锌等。这些成分在遇热时会分解产生不能燃烧的气体或气泡，这些气体或气泡可以起到隔离作用，阻止或延缓燃烧，从而保护涂层下面的物体。在木龙骨吊顶中，需要在龙骨表面通刷，以增强龙骨的防火阻燃性能	

三、铝合金龙骨

铝合金龙骨是一种以铝合金为主要材料制成的结构件，广泛应用于现代装饰工程的吊顶工程中。其显著特点在于材质轻便、强度高、耐腐蚀且易于加工，这些特性使得铝合金龙骨在家装行业中备受青睐。

首先，铝合金龙骨的高强度与轻质特性相结合，使得它在承受重量方面具有出色的表现。与传统的木质或钢质龙骨相比，铝合金龙骨在保持足够结构强度的同时，大大减轻了整体重量，从而降低了建筑负荷。

其次，铝合金龙骨具有卓越的耐腐蚀性。铝合金材料本身不易受潮，其氧化层化学惰性极高，可以保护铝合金龙骨主体不受侵蚀，即使在潮湿或多变的环境中也能保持长久的稳定性。这使得铝合金龙骨在卫生间、厨房等湿度较高的场所中表现出色，有效延长了使用寿命。

此外，铝合金龙骨还具有良好的加工性和可塑性。它可以根据需要进行切割、弯曲、连接等加工操作，以适应各种复杂的建筑结构和装饰需求。这种高度的灵活性使得铝合金龙骨在装饰工程中具有很高的实用价值。

最后，铝合金龙骨还具备环保和可回收的特点。铝合金材料可循环利用，减少了对自然资源的消耗和环境污染。随着人们环保意识的不断提高，铝合金龙骨在建筑行业中的应用也将越来越广泛。

四、钢龙骨

以其无与伦比的高强度与耐腐蚀性，为石膏板吊顶、蒸汽管道等建筑构件提供稳固的支撑，多在工装、幕墙安装场景中使用。

✿ 拓展学习

① 轻钢龙骨的应用场景。

② 轻钢龙骨施工时的注意事项。

🖊 问题思考

① 轻钢龙骨的名称由来是什么？

② T形龙骨的常见规格是什么？

③ 木龙骨相比轻钢龙骨有什么优势和劣势？

④ 轻钢龙骨和木龙骨在连接件上的区别是什么？

📋 任务单

任务单见表 7-1-4。

表 7-1-4　任务单

任务单			
任务名称		小组编号	
日期		课节	
组长		副组长	
其他成员			
任务讨论与方案说明			
方案实施与选材要点			
存在问题与解决措施			
选材方案展示			
任务评价（评分）：			
任务完成情况分析			
优点：		不足：	

任务二

饰面板材

📖 任务指导

一、石膏板

石膏板是以建筑石膏为主要原料，添入适量的添加剂和纤维增强材料加工而成的。经不同的加工工艺可制成各种形状的石膏板和石膏装饰板。

1. 普通石膏板

普通石膏板具有质轻、强度高、防火、隔热、吸声、易加工、施工方便等特点。

普通石膏板可用作隔断、吊顶等部位的罩面材料。石膏板本身具有一定的防火防水性能，所以它是一种比较好的、用途较广的板材。

常用石膏板的品种有纸面石膏板、无纸石膏板（即纤维石膏板）和石膏空心条板等。

石膏板常用规格长度为 800mm、2400mm、3000 mm、3300mm；宽度为 900mm、1200mm；厚度为 9mm、12mm、15mm、18 mm 等。

2. 纸面石膏板

纸面石膏板是以建筑石膏为主要原料，掺入适量添加剂与纤维做板芯，以特制的板纸为护面，加工制成的板材。纸面石膏板具有重量轻、隔声、隔热、加工性能强、施工方法简便的特点。我国的石膏资源丰富，价格低廉，使得石膏板成为取代木材的重要材料，特别适宜在装修中使用。它的表面有较好的着色性，因此成为藻井式吊顶的主要材料。

纸面石膏板从性能上可以分为普通型、防火型、防水型三种。从其棱边形状上可分为矩形边、45°倒角形边、楔形边、半圆形边、圆柱形边五种。

（1）普通型纸面石膏板

普通型纸面石膏板为象牙色面纸，无论是在其上涂刷底漆还是直接作为终饰表面均可获得理想的效果。

（2）防火型纸面石膏板

防火型纸面石膏板提供了优良的防火性能。采用经特殊防火处理的粉红色纸面作为护面纸；石膏板芯内含有耐火添加剂及耐火纤维，适合防火性能要求较高的吊顶、隔墙、电梯和楼梯通道以及柱、梁的外包使用。

（3）防水型纸面石膏板

防水型纸面石膏板是为适应室内高湿度环境而开发生产的耐水防潮类轻质板材，其石膏芯内加入的高效有机疏水剂，以及经过有机防水材料特殊处理过的进口护面纸，极大地改善和增强了石膏板的抗水性和防水效果。

纸面石膏板可用于剧院、商业空间、宾馆、办公空间的室内隔墙、隔断及顶棚装饰。

纸面石膏板是吊顶工程最基本的中间材料，必须经过表面装饰后才能正式使用，所以石膏板的使用方法与木材板材相同，可以通过锯、刨、钉等加工工艺制成各种装饰作品的结构，再通过面饰乳胶漆、壁纸、陶瓷墙砖（须用防水型石膏板）完成终饰。

纸面石膏板目测外观不得有波纹、沟槽、污痕和划伤等缺陷，护面纸与石膏芯连接不得有裸露部分。检测石膏板尺寸，长度偏差不得超过5mm，宽度偏差不得超过4mm，厚度偏差不得超过0.5mm，模型棱边深度偏差应为0.6～2.5mm，棱边宽度应为40～80 mm，含水率小于2.5%，9mm板每平方米质量在9.5kg左右。购买时应向经销商索要检测报告进行审验。

二、硅钙板

硅钙板又名石膏复合板，是一种多元材料，一般由天然石膏粉、白水泥、胶水、玻璃纤维复合而成，具有防火、防潮、隔声、隔热等特点。在室内空气潮湿的情况下能吸引空气中水分子；空气干燥时，又能释放水分子，可以适当调节室内干湿度，增加人们的舒适感。天然石膏制品又是特级防火材料，在火焰中能产生吸热反应，同时，释放出的水分子可以阻止火势蔓延，而且不会分解产生任何有毒的、侵蚀性的、令人窒息的气体，也不会产生任何助燃物或烟气。作为石膏材料，硅钙板与纸面石膏板相比较，在外观上保留了纸面石膏板的美观，重量方面大大低于纸面石膏板，强度方面远高于纸面石膏板，彻底改变了纸面石膏板因受潮而变形的致命弱点，极大地延长了材料的使用寿命；在消声及保温隔热等方面，相比石膏板也有所提高；在防火方面也胜过矿棉板和纸面石膏板。

三、嵌装式装饰石膏板

嵌装式装饰石膏板是以建筑石膏为主要原料，掺入适量的纤维增强材料和外加剂，与水一起搅拌成均匀料浆，经浇注成型并使之干燥后而形成的不带护面纸的板材。板材背面四边加厚，并带有嵌装企口；板材正面可为平面、带孔或带浮雕图案。这种吊顶一改往日浇注石膏板吊顶单调呆板、档次低的特点，在吊顶层面上出现丰富的高低变化，有雅致的结构造型和协调的花纹配合，给人以豪华、典雅、新颖的感觉。嵌装式装饰石膏板的规格有边长为 600mm×600mm，边厚大于 28mm；边长为 500mm×500mm，边厚大于 25mm。

四、防火珍珠岩石膏板

按其所用胶黏剂不同，防火珍珠岩石膏板可分为水玻璃珍珠岩吸声板、水泥珍珠岩吸声板、聚合物珍珠岩吸声板、复合吸声板等。它具有重量轻、装饰效果好、防水、防潮、防蛀、耐酸、施工方便、可锯割等优点，适用于居室、餐厅的音质处理及顶棚和内墙装饰。

五、铝扣板

铝扣板以铝制成，分为打孔和光面两类，表面处理方式主要有预漆辊涂处理、静电喷涂处理、覆膜处理。表面光泽度有亚光、丝光、金属光、镜面漆和阳极化镜面等。铝扣板具有隔声、可拆卸、可封缝、防火、防潮、防腐蚀、耐久性强、易清洗等特点，亦可留缝，有利通风。室内外均可使用，色彩丰富、高雅、富有立体感。可应用于机场、地铁、车站、商业中心、宾馆、餐厅、医院办公室、厨房、卫生间、走廊等环境。

六、PVC 板

PVC 板是以聚氯乙烯树脂为基料，加入一定量抗老化剂、改性剂等助剂，经混炼、压延、真空吸塑等工艺而制成的。PVC 是塑料的一种，具有轻便、耐水、耐酸碱、防虫蛀等特点。PVC 吊顶材料具有多种优势，被广泛应用于家居装饰中。

首先，PVC 板价格便宜，安装简便，适合各种空间的吊顶装饰需求。其次，PVC 板防水防潮、防蛀虫，并且耐污染、好清洗，有隔声、隔热的良好性能。特别是新工艺中加入阻燃材料，使其能够离火即灭，使用更为安全。特别适合厨房和卫生间等潮湿、有明火的区域使用。此外，PVC 板表面的花色图案变化也非常多，能够满足各种装饰需求。

尽管 PVC 板具有诸多优点，但也存在一些缺点。例如，PVC 的质感相对较弱，使用寿命相对较短。此外，由于 PVC 吊顶主要使用木龙骨作为龙骨材质，因此在客厅、卧室等区域使用时可能会受到限制。

总体来说，PVC 板是常见的吊顶材料之一，凭借其多种优势成为家居装饰受欢迎的吊顶材料。在使用过程中，需要结合具体需求和场景进行选择和应用。

拓展学习

① 饰面板材的主要作用。

② 石膏板施工时的注意事项。

问题思考

① 纸面石膏板的优点是什么?

② 铝扣板为什么可以使用在潮湿的环境里?

③ 卫生间内可以使用的饰面板材有哪些?

④ 为了装饰效果的统一性，在厨房、卫生间应该选用什么饰面材料配合客厅、卧室的石膏板吊顶?

任务单

任务单见表 7-2-1。

表 7-2-1　任务单

任务单			
任务名称		小组编号	
日期		课节	
组长		副组长	
其他成员			
任务讨论与方案说明			
方案实施与选材要点			

续表

<table>
<tr><td colspan="2">存在问题与解决措施</td></tr>
<tr><td colspan="2"></td></tr>
<tr><td colspan="2">选材方案展示</td></tr>
<tr><td colspan="2"></td></tr>
<tr><td colspan="2">任务评价（评分）：</td></tr>
<tr><td colspan="2">任务完成情况分析</td></tr>
<tr><td>优点：</td><td>不足：</td></tr>
</table>

笔记

家具
与室内
装饰
材料

项目八

照明装饰材料

随着科技的进步和人们对生活品质的追求，照明装饰得到了越来越广泛的应用和发展。这与光源技术的进步密不可分，从最初的第一个白炽灯泡，到荧光灯、节能灯、卤素灯、卤钨灯，再到气体放电灯和LED灯等，这些光源的开发为照明装饰提供了更多可能。随着光源技术的不断进步，照明装饰也变得更加多样化、智能化和个性化。

照明装饰是指通过灯光的运用，对建筑、室内、景观等环境进行艺术性的装饰和设计。它不仅仅是提供光源，更注重通过灯光的亮度、颜色、方向和形状等元素的变化，营造出不同的氛围和情感。

而对于室内照明装饰来说，无论是整体照明还是局部照明（重点照明），或是两种照明搭配使用，都可以通过不同的灯具和不同的灯具布置方式来实现。

任务一
顶棚照明灯具

> **任务布置**

客户李先生家是中式古典装修风格，现需要为李先生家的卧室、客厅、厨房以及卫生间四个区域挑选顶棚照明灯具，要求四个区域所选的顶棚照明灯具与室内风格匹配，并综合考虑产品造价、灯具纹理样式、材料质感等因素，最终确定顶棚照明灯具选用方案，完成任务。

> **任务目标**

知识目标：

① 掌握室内顶棚照明装饰灯具的类型；

② 掌握室内顶棚照明装饰灯具常用材料；

③ 了解中式古典风格特点及常用纹饰。

能力目标：能根据不同风格为室内各区域选择合适的顶棚照明灯具。

素质目标：

① 培养学生团队合作意识；

② 提升学生对传统文化的理解；

③ 提升学生的人文素养。

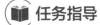 **任务指导**

一、吊灯

吊灯是一种使用金属杆、链或者电线悬挂在室内天花板上的照明灯具，多以白炽灯或

LED 灯为光源，可以提供整体照明和装饰效果。根据光照方向可分为向上照明型、向下照明型以及全部漫反射型（表 8-1-1）。根据材质的不同，灯具有玻璃、金属、木材等硬质材料，也有塑料、纸类等软质材料（表 8-1-2）；而从外形上分，吊灯可分为单灯头型和多灯头型。吊灯外形变化多不胜数，距离也可根据空间高度上下调节，在提供照明功能的同时，也为空间的垂直线条增加了亮点，因此吊灯被广泛应用于公共、商业建筑空间以及住宅空间的室内照明装饰中。

在住宅型室内照明装饰中，吊灯常用于客厅、餐厅、卧室、楼梯间。近年来，由于无主灯设计的兴起，吊灯也可以挂置于床头替代床头灯，也能安装于洗手台取代吸顶灯，但需确认与镜面搭配产生的光影效果不会妨碍使用。

客厅吊灯在使用时最好依据居住者的身高进行调整，避免距离过低产生压迫感，卧室吊灯则需避免光照过强，而餐厅吊灯应避免挂置过高而产生眩光等不适感。

在公共、商业建筑空间照明装饰中，吊灯常用于宾馆大堂、酒店、多功能厅等区域，特别在商业建筑空间中，吊灯除了起到基础照明作用外，还起到装饰和营造氛围的作用，在选用时应综合考虑空间的功能需求、设计风格、能耗环保和安全维护等因素。

表 8-1-1　吊灯灯具光照方向

光照方向	照明特点	图片展示
向上照明型	属于间接照明的一种，光线不直接照向室内物体，而是借由天花板反射，制造柔和的照明氛围	
向下照明型	属于直接照明的一种，照明方向向下，灯光直接照向室内物体，既可用于照亮空间，也可作为局部照明，制造凸显、强调的效果	
全部漫射型	可四周发出光线，不仅具有照明功能，也起到了很强的装饰性	

表 8-1-2　吊灯常用材料

材料名称	特征	缺点	图片展示
玻璃	透光性好，耐腐蚀，耐高温，精致、干净、极具现代感	易碎	 玻璃吊灯
金属	耐磨损，可表现高贵感、奢华感、科技感	生锈、不同金属需考虑承重	 金属吊灯
混凝土	绿色环保，不易碎，可表现原生态、朴素感	不透光，有一定重量	 混凝土吊灯
竹材	材质韧性强，环保，朴素，温润	易生虫、受潮，易变形、发霉	 竹材吊灯
木材	弯曲性能好，纹理美观，自然、古典	易开裂、变形	 木材吊灯

材料名称	特征	缺点	图片展示
陶瓷	材质坚硬，耐高温，颜色丰富，外形美观，有一定透光性，精致、复古	易碎	 陶瓷吊灯
塑料	有一定透光性，成本低，造型多变，易清洁，轻巧	温度高时易老化、变形	 塑料吊灯
纸	重量轻，造型、风格可塑性大	耐热性差，易变黄，不易清洁	 纸质吊灯

二、吸顶灯

吸顶灯是各类建筑中常见的照明装饰灯具，无吊杆，是一种安装面直接固定在建筑物顶棚上的灯具，具有防爆、防脱落、结构安全、安装维修方便以及不占空间等特点。通常以白炽灯、荧光灯、氙气灯、LED 灯等为光源，搭配各式各样的玻璃或塑料灯罩，造型上有圆筒形、椭圆形、方形等式样。根据光照方向也可分为向上照明型、向下照明型以及全部漫反射型（表 8-1-3）。吸顶灯照明光线明亮、能均匀散射，但易产生眩光，离灯较远的区域会因光线无法到达而显得昏暗。

表 8-1-3　吸顶灯灯具光照方向

光照方向	照明特点	图片展示
向上照明型	光线不直接照向室内物体，而是借由天花板反射，制造柔和的照明氛围	

光照方向	照明特点	图片展示
向下 照明型	照明方向向下，灯光直接照向室内物体	
全部 漫射型	可四周发出光线，不仅具有照明功能，也起到了很强的装饰作用	

不同光源的吸顶灯具适用的场所各有不同，荧光灯、白炽灯和 LED 吸顶灯常用于教室、住宅、办公室等楼层高度为 3m 左右场所的照明，以免增加压迫感；功率和光源体积较大的氙气灯常用于大型购物商场、体育馆、厂房等楼层高度为 4 ~ 9m 场所的照明。

吸顶灯的材料质量对于其使用寿命和照明效果同样具有重要影响。吸顶灯的灯罩材料主要以塑料、玻璃最为常用，也可使用布艺等其他材质作为灯罩材料，而灯身材料则以金属、塑料、木材等材质较为常用。

塑料作为吸顶灯常用的灯罩材料之一，具有质轻、耐腐蚀、绝缘性能好等优点。塑料材质的吸顶灯外观多样，价格相对较低。然而塑料材料易老化，长时间使用可能会变色、变形。吸顶灯常用塑料灯罩材质有 PC、PP、PMMA、PVC 等。

吸顶灯灯身材质常用的是铝合金和不锈钢。这些材质不仅坚固耐用、不易损坏，而且可以通过抛光或电镀等工艺处理，使得表面光滑亮丽，提高室内装修的整体档次。此外，还有一些其他的金属材质用于特定类型的吸顶灯，如铁质，不容易变形，但可能会生锈；黄铜，耐腐蚀、高档，但价格高，因此在选择时，可以根据个人的需求和预算来决定具体的材质和类型（表 8-1-4）。

表 8-1-4　常见吸顶灯材料

灯身材料	灯罩材料	图片展示
铝合金	塑料	 铝合金＋塑料吸顶灯

灯身材料	灯罩材料	图片展示
铁	玻璃	 铁＋玻璃吸顶灯
铁	布艺	 铁＋布艺吸顶灯
黄铜	塑料	 黄铜＋塑料吸顶灯
黄铜	玻璃	 黄铜＋玻璃吸顶灯
木材	塑料	 木材＋塑料吸顶灯

在住宅型室内空间中，吸顶灯常用在厨房、卫生间、门厅、走廊、客厅等区域。由于厨房、卫生间的天花板较低，因此常采用吸顶灯作为主要照明；而客厅、卧室如选择吸顶灯作为基础照明，吸顶灯的尺寸大小应与房间大小呼应，并宜搭配落地灯或壁灯作为辅助照明。近年来，LED 吸顶灯由于节能、外形时尚简约，又具有遥控调节亮度和色温等功能，颇受消费者喜爱。

在公共、商业建筑空间照明装饰中，由于吸顶灯具有照亮面积大、节省空间、节能环保、维护保养方便、使用寿命长、外观简洁等特点，因此常被应用在办公室、学校、医院、商场、酒店等场所。

三、嵌灯

嵌灯全称嵌入式灯具，通常被全部或局部嵌入进天花板、墙面、地面或其他装修材料中，光源以 LED 最为常见。接下来对顶棚嵌灯常见的嵌入式筒灯、嵌入式射灯、嵌入式 LED 面板灯三种嵌入式灯具进行介绍。

1. 嵌入式筒灯

嵌入式筒灯是将筒灯嵌入天花板内，使其与周围环境融为一体，能够提升空间整体美观度，因其不占用空间，一般适用于会议室、办公室的吊顶等商业场所，以及过道、卧室、厨房等住宅型室内空间，为空间提供舒适柔和的基础照明。如果想营造平缓舒适的感觉，还可以尝试装设多盏筒灯，以减轻空间内部的束缚感，但其角度一般不可调节。

筒灯有多种尺寸，一般根据场所的面积及层高进行选择，如家居使用时筒灯最大不超过 2.5in（1in=2.54cm）。

目前市面上的筒灯多以 LED 为光源，光色有单色的，也有暖黄、暖白及亮白三色调节的，还有能使亮度和色温在一定区间内可调节，并支持智能远程控制的。而从材质上来看，大多数嵌入式筒灯灯体材质选用铝材来强效散热，增加灯具的使用寿命，而面罩材质常用塑料。在选择筒灯作为基础照明时，除了要依据个人喜好及使用环境选择光色外，还要看筒灯的节能、使用寿命以及光源的显色性 [显色指数（R_a）]。显色性越高，越能真实反映出物体的颜色，对于大多数日常应用，显色指数（R_a）为 80 ~ 100 的光源被认为是合适的。常见嵌入式筒灯类型见表 8-1-5。

表 8-1-5　常见嵌入式筒灯类型

类型	特点	图片展示
无眩光型深杯筒灯	将光源藏在反射板之上，减少眩光	
挡板型筒灯	灯光照度较低，眩光影响小，光线柔和	

类型	特点	图片展示
防水、防雾型筒灯	适用于水环境中，如浴室，灯罩的存在使得下方灯光照度较低	

2. 嵌入式射灯

射灯因其高度聚光性，且光源方向可自由调节，常被嵌入天花板中作为局部照明或重点照明使用，即需要强调或表现的地方，如住宅中的电视墙、挂画、饰品等；公共建筑中室内装饰点缀及娱乐场所、橱窗展示、商场柜台商品展示，舞台、咖啡厅、餐饮酒吧室内情调装饰灯光渲染照明，艺术品展示、博物馆古文物等局部特写照明；特别适用于视觉质感强的首饰珠宝、时装展示照明。

为满足射灯局部照明或重点照明需求，射灯在结构上多采用防眩光处理且颜色丰富，但相对嵌入式筒灯来说，对灯光显色指数要求更高，显色指数（R_a）为 97～100 为最佳。光色以 3000K、3500K、4000K、6000K 最为常用，射灯光色多以单色为主，也有三色可调节的。在选择射灯时，有无副光斑、可调节角度、使用材质等也需要综合考虑。大多数射灯灯体材质仍以铝材为主。常见嵌入式射灯类型见表 8-1-6。

表 8-1-6　常见嵌入式射灯类型

类型	特点	图片展示
灯头可伸缩旋转射灯	可灵活调整照射方向	
可调节角度射灯	在灯具内部改变角度，角度幅度只限于 30°	
洗墙射灯	适合突出某一区域照明，适用于墙面装饰画等	

类型	特点	图片展示
聚光射灯	光束角小，聚光效果好，照射范围小	
长条型格栅射灯	可调节照射角度，可作为空间基础照明或局部照明使用	

总之，嵌灯适用于各种空间，如果进行局部照明，可选择嵌入式射灯；如果想取代主灯作为空间基础照明，可选择嵌入式筒灯。但无论选择哪一款灯具，安装时都需将灯具嵌入木质吊顶中，并将吊顶与上方楼板之间预留一定空间，使嵌灯能够散热。

在住宅型室内照明中，客厅中使用嵌灯可以营造温馨的氛围，增强空间的层次感；卧室中使用嵌灯可以提供柔和的照明，营造舒适的睡眠环境；餐厅中使用嵌灯可以营造浪漫的用餐氛围，增强食物的美感；洗手间中使用嵌灯可以提供足够的照明，增强空间的明亮感，如果浴室和洗手间是同一个空间，则在选择嵌灯时除了考虑能提供足够照明外，嵌灯还需具有防水气功能认证；走廊和楼梯中使用嵌灯不仅能提供充分的照明，还能引导方向、增加空间层次感。

在商业或公共照明中，嵌灯可以作为基础照明应用在商店、办公室、餐厅等场所，为整个空间提供均匀的照明，使其看起来明亮和舒适；也可以通过调整嵌灯的灯光角度和亮度，将光线聚焦在特定的区域或物品上作为重点照明，以突出它们的重要性或吸引力。如在展览馆或美术馆中，可以使用嵌灯来突出展示艺术品或展品；还可将嵌灯作为装饰性照明使用，通过选择不同的灯具设计和灯泡颜色，为空间增添独特的氛围。总之，嵌灯在商业或公共照明中可以根据不同的需求和场景进行定制化配置。

总体来说，选择适合的嵌灯需要考虑场所的功能需求以及个人的喜好，同时需要注意照明效果、能效、使用寿命和安全性等方面的问题。

3. 嵌入式 LED 面板灯

嵌入式 LED 面板灯是天花板常用灯具之一。它是一种扁平的照明设备，其发光面平坦，光线柔和，能为室内空间提供均匀照明，主要用于基础照明和装饰照明。

嵌入式 LED 面板灯采用 LED 光源，具有节能、环保、寿命长等优点，其厚度较薄，可以直接安装在天花板上，不需要额外的支架或固定件。面板灯常见灯身材质有铝制，灯罩材质主要有 PC、PMMA 等。

嵌入式 LED 面板灯光色以正白光最为常见，也有暖色光（一般作为装饰照明使用），在住宅型室内空间中常应用在阳台、厨房、卫生间等区域，灯具与顶棚融为一体，简洁大方；也常被应用在办公场所，光照自然。LED 面板灯空间效果见表 8-1-7。

表 8-1-7　LED 面板灯空间效果

使用场所	特点	效果展示
厨房	①节能环保 ②易于清洁，可用湿布擦拭 ③亮度高且均匀，让厨房操作更加方便 ④简洁大方，可与多种厨房装修风格相匹配	
阳台	①抗日晒，不易褪色及老化 ②亮度可调节，可根据需要调节亮度适应不同场景 ③节能环保，能耗较低	
浴室、卫生间	①防水防潮，LED 面板灯具有较好的防水性能，可防止水气进入灯具内部，延长使用寿命 ②均匀照明，可提供令人舒适的光线 ③耐腐蚀性能较好	

使用场所	特点	效果展示
会议室、办公室	①光线较明亮，提高工作效率 ②无闪频，减少视觉疲劳	

四、投射灯

投射灯是指将光线投射于一定范围内并给予被照射体充足亮度的灯具，通过调整角度与搭配不同光学设计的方式，营造出各式灯光情境。一般常见的投射灯形式大概可分为轨道式、吸顶式、夹灯式、嵌入式，过去室内用的聚光型投射灯大多采用卤素灯泡，如今投射灯光源以 LED 光源为主流。

由于在嵌灯中已介绍过嵌入式投射灯，在此处就不重复介绍了，而夹灯式不属于顶棚照明灯具，所以在此处也不进行介绍，这部分只介绍轨道式和吸顶式两种形式的投射灯具。

1. 轨道式投射灯

轨道式投射灯是装在一根嵌有带电导线的轨道上的可移动式灯具。将轨道直接装在顶棚上，并将投射灯插入轨道，再根据被照物位置和照明要求移动灯具，调节照明方向，其灯头可任意调整方向。轨道灯能产生很好的光照效果，多用于展览、橱窗等场所的照明。

轨道式投射灯外观颜色以白、黑居多，光色与嵌入式投射灯相同，有些轨道式投射灯还具有可调焦和改变发光角度的功能。

在无主室内空间中能以大范围轨道式投射灯取代主灯的方式，打造空间基础照明。如果设置多盏投射灯作为主要照明，建议使用光线分布较均匀的柔光型轨道式投射灯。轨道式投射灯及其应用见表 8-1-8。

表 8-1-8　轨道式投射灯及其应用

轨道式投射灯	方向调节	应用效果
 可旋转投射灯	聚光效果好，适合重点照明或局部照明，左右可 360° 旋转，上下可 90° 旋转，搭配轨道，可以随意移位	 客厅应用效果图
 格栅聚光灯	格栅聚光灯可用于商业展示，重点突出商品质感，搭配磁吸轨道，可以随意移位	 卖场应用效果图
 泛光散光灯	泛光散光灯可作为基础照明或辅助照明，提升空间亮度，增加空间氛围感，搭配磁吸轨道，可以随意移位	 顶棚应用效果图

2. 吸顶式投射灯

在安装吸顶式投射灯时，将照明灯具直接与天花板进行固定，分为泛光型和聚光型两种。两者主要区别在于光线照射营造的效果不同，泛光型光线均匀、分散，常用作基础照明或辅助照明，增强空间亮度；而聚光型光线集中，常用于重点或局部照明，增强空间层次。至于外观、材质、光色等方面基本相差不大。聚光型和泛光型光线墙面照射效果如图 8-1-1 所示。

（1）泛光型

泛光型吸顶式投射灯一般指明装筒灯，其光线经过灯罩的散射形成均匀的光线分布，不会产生刺眼的感觉和眩光，主要光源有白炽灯、荧光灯和 LED 灯。

明装筒灯由灯体、灯罩和附件等构成，灯体和灯罩一般采用塑料、铝材或不锈钢材质，

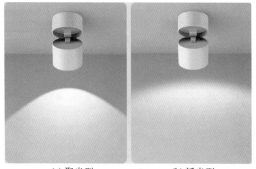

| (a) 聚光型 | (b) 泛光型 |

图 8-1-1　聚光型和泛光型光线墙面照射效果

具有质轻、耐用和美观等特点，在安装时不需要埋管或者预埋电线，安装方便，在无主灯设计中可以利用多盏筒灯规律分布光源来实现空间整体照明，也可作为辅助照明使用。泛光型吸顶式筒灯类型见表 8-1-9。

表 8-1-9　泛光型吸顶式筒灯类型

泛光型吸顶式筒灯类型	特点	效果展示
 可旋转调节型筒灯	散光均匀，适合辅助照明增强空间亮度，左右可360°旋转，上下可90°旋转	 卧室应用效果图
 方向不可调节型筒灯	散光均匀，适合辅助照明增强空间亮度，不能调节方向	过道应用效果图

泛光型吸顶式筒灯类型	特点	效果展示
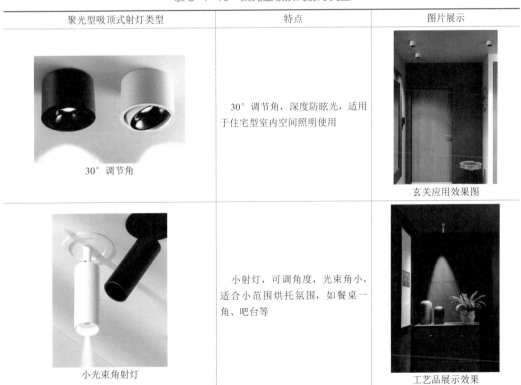泛光型格栅灯	又称格栅灯，有单头、多头之分，外形有长条形、方形，散光均匀，简约节能，适合无主灯照明的简约风格空间	玄关应用效果图

(2) 聚光型

聚光型吸顶式投射灯一般指明装射灯，按光源多少分为单头、多头。主要用于重点照明和装饰照明，突出展示商品或装饰品的特点。其材质和光源与嵌入式射灯相同。聚光型吸顶式射灯类型见表8-1-10。

表8-1-10 聚光型吸顶式射灯类型

聚光型吸顶式射灯类型	特点	图片展示
30°调节角	30°调节角，深度防眩光，适用于住宅型室内空间照明使用	玄关应用效果图
小光束角射灯	小射灯，可调角度，光束角小，适合小范围烘托氛围，如餐桌一角、吧台等	工艺品展示效果

聚光型吸顶式射灯类型	特点	图片展示
 格栅灯型	格栅灯，有单头、多头之分，形状有长条形、方形，由 10 个以上射灯组成的格栅灯又称为线条灯，适用于无主灯照明空间	 客厅应用效果图
可随意旋转调节型	聚光效果好，适合重点照明，左右可 360°旋转，上下可 90°旋转	 门厅应用效果图
—单头— —两头— —三头— —四头— 多头可调节型	有单头、多头之分，每个灯头均可调节角度	 客厅应用效果图

目前市场上无论是轨道式投射灯还是吸顶式投射灯都是在筒灯和射灯的基础上进行外观及形式上的创新，还有很多其他的创新式样，在这里不一一陈列。随着人们对节能环保理念的认识提高，LED 光源正趋于主流，低蓝光、高显色、防眩光等越来越被消费者重视。另外，灯具的智能控制也将是未来的发展趋势。

五、顶棚 LED 灯带

LED 灯带是一种由多个 LED 灯珠组成的灯条，常用于照明和装饰，通常采用柔性的电路板作为基底，通过电流控制，发光效果柔和而均匀。

灯带的常用光源是 LED 灯珠。LED 灯珠具有低能耗、长寿命、高亮度和可调光等特点，因此成为灯带的首选光源。

LED 灯带的主要材料包括灯珠、电路板、导线和外壳。灯珠通常使用高亮度的 LED 灯，电路板采用柔性材料，使得灯带可以弯曲和安装在不同的场所。导线用于连接电源和灯带，外壳可以保护电路和灯珠。

LED 灯带的照明形式多种多样，可以是单色、多色、RGB 彩色等。此外，还有的灯带具有可以调节亮度和色温的调光调色功能。

顶棚 LED 灯带是一种隐藏式的照明方式，将照明与建筑结构紧密结合，营造出层次感。它主要有以下两种应用方式：利用与墙平行的不透明装饰板遮住光源，将墙壁照亮，为护墙板、帷幔、壁饰等带来戏剧性的光效果；在天花的吊顶内置 LED 灯带，将光源向上，让灯光经顶棚反射下来，使天棚产生漂浮的效果，形成朦胧感，常用于商场、酒店、图书馆、住宅型室内等空间的照明。顶棚 LED 灯带装饰类型见表 8-1-11。

表 8-1-11　顶棚 LED 灯带装饰类型

装饰类型		特点	家居装饰效果图
回形吊顶		反光槽隐藏 LED 灯带作为辅助光源，能够增加空间氛围，可搭配主光源和嵌入式射灯或筒灯使用	 客厅装饰效果图
悬浮吊顶	完整悬浮	四周的 LED 灯带增加了吊顶的整体感，柔和的光线能够营造出温馨氛围，常结合无主灯设计，搭配磁吸轨道灯、筒灯、射灯等，根据灯光位置不同可做出不同的照明效果	 卧室装饰效果图
	分隔悬浮	分隔悬浮是将吊顶分为两个部分，LED 灯带的加入使吊顶更具层次感和造型感。可搭配筒灯、射灯等使用	 客厅装饰效果图

六、流明天花板

流明天花板是一种特殊的照明装置，它将光源隐藏在天花板的背后，并通过透明或半透明的材料将光线散发到整个天花板上，从而实现柔和而均匀的照明效果。它可以模拟自然光的分布，提供舒适的照明环境。

流明天花板的照明方式主要有两种。一种是边光照明，即光源位于天花板的边缘，通过透明或半透明的材料将光线传输到天花板上。另一种是均匀照明，光源均匀分布在整个天花板的背后，通过透明或半透明的材料使光线均匀散发到天花板上。

流明天花板的常用材料包括透明或半透明的塑料、玻璃、亚克力等。这些材料具有良好的光传输性能，可以将光线均匀地散发到整个天花板上。

流明天花板常用于办公室、商场、医院、酒店等室内照明场所。它可以提供柔和而均匀的照明效果，减少眩光和阴影，提高工作和生活环境的舒适度。此外，流明天花板还可以用于展览展示、博物馆、艺术装饰等场合，创造独特的光影效果，增强空间的美感和视觉效果。流明天花板装饰效果如图 8-1-2 所示。

(a)餐厅空间　　　　　　　　　　　(b)客厅及餐厅空间

图 8-1-2　流明天花板装饰效果

✖ 拓展学习

1. 中式古典灯具

中式古典装饰风格是以中国宫廷建筑风格为代表，融合了古代中国文化、哲学、艺术和生活等特点，家具以硬木或软木精制而成，搭配陶瓷、灯具等饰品，布局遵循均匀对称原则，体现了深厚的历史底蕴。而中式古典灯具也同样遵循着中式古典装饰风格特点，注重对称和平衡，强调灯具的整体美感；色彩上以红色、黄色、棕色为主，通过强烈对比，给人华丽、高贵之感；材质上大量使用天然材质，如木材、石材、布料、陶瓷等，强调材质的自然纹理和质感；装饰细节处理常使用雕刻、绘画等工艺，使灯具充满艺术性和文化内涵。中式古典灯具效果如图 8-1-3 所示。

(a)中式古典吊灯   (b)中式古典吸顶灯

图 8-1-3　中式古典灯具

2. 中式古典装饰纹饰

中式古典装饰常用的装饰纹饰是中国传统图案的代表，它们寓意着吉祥、富贵、长寿等美好愿望。以下是一些常用的装饰纹饰。

（1）云纹

云纹是中式古典装饰中常用的纹饰之一，寓意着祥瑞、步步高升。它形态优美，变化无穷，给人以飘逸、优美的感觉（图 8-1-4）。

图 8-1-4　云纹

（2）龙纹

龙纹是中国传统的吉祥纹饰，寓意着皇权、尊贵、力量。龙纹形态各异，有行龙、升龙、降龙等不同形态，给人以庄重、威严的感觉（图 8-1-5）。

（3）卷草纹

寓意生生不息，盛行于唐代，又称"唐草纹"，是中国传统图案之一，取忍冬、荷花、兰花等花卉，经处理后做"S"形波浪曲线排列构成连续图案（图 8-1-6）。

图 8-1-5　龙纹   图 8-1-6　卷草纹

（4）万字纹

寓意万福万寿。其旋转对称的正方形纹样给人庄严、崇高、规整等审美感受，让整个图形看起来刚毅、有个性、有棱角，富有方正阳刚之美（图 8-1-7）。

图 8-1-7　万字纹

（5）回字纹

寓意吉利永长，形状像汉字中的"回"字，故称回字纹（图 8-1-8）。

图 8-1-8　回字纹

（6）凤纹

凤纹是女性的象征，寓意着美丽、和平。凤纹形态婀娜多姿，色彩艳丽，给人以温馨、美好的感觉（图 8-1-9）。

（7）牡丹纹

牡丹是中国传统的名花之一，寓意着富贵、繁荣。牡丹纹形态华贵，色彩丰富，给人以华丽、高贵的感觉（图 8-1-10）。

图 8-1-9　凤纹　　　　　　　　　图 8-1-10　牡丹纹

（8）鱼纹

鱼在中国文化中寓意着富足、年年有余。鱼纹形态生动活泼，给人以欢快、喜庆的感觉（图 8-1-11）。

（9）蝙蝠纹

在中国传统的装饰艺术中，蝙蝠形象象征着幸福，取"福"字的谐音，并将蝙蝠的飞临结合"进福"的寓意（图 8-1-12）。

图 8-1-11　鱼纹

图 8-1-12　蝙蝠纹

问题思考

① 顶棚照明灯具按类型划分有哪些?

② 吊灯常用材料有哪些?

③ 如何为现代简约风格住宅挑选各功能分区的顶棚照明灯具?

任务单

任务单见表 8-1-12。

表 8-1-12　任务单

任务单			
任务名称		小组编号	
日期		课节	
组长		副组长	
其他成员			
任务讨论与方案说明			
方案实施与选材要点			
存在问题与解决措施			
选材方案展示			
任务评价（评分）:			
任务完成情况分析			
优点:		不足:	

墙壁照明灯具

> **任务布置**

客户王女士家是新中式风格，现需要为王女士家的卧室、客厅、书房三个区域挑选墙面照明灯具，要求三个区域所选的墙壁照明灯具与室内风格匹配，并综合考虑产品造价、灯具纹理样式、材料质感等因素，最终确定墙面照明灯具选用方案，完成任务。

> **任务目标**

知识目标：

① 掌握室内墙面照明装饰灯具的类型；

② 掌握室内墙面照明装饰灯具常用材料；

③ 了解新中式风格特点。

能力目标：能根据不同风格为室内各区域选择合适的墙面照明灯具。

素质目标：

① 培养学生团队合作意识；

② 提升学生对传统文化的理解；

③ 提升学生的人文素养。

📖 任务指导

墙壁照明灯具又称壁灯，是一种安装在墙壁上的照明灯具，可应用在室内或室外，不仅具有照明功能，而且起到装饰空间、营造氛围和节省空间的作用。

壁灯可分为上照明式、下照明式、上下照明式以及扩散式（表 8-2-1）。一般用荧光灯或白炽灯、LED 灯等作为光源，再配用各式各样的彩色玻璃或有机玻璃制成的灯罩，可呈现出不同的光影效果。具有造型精巧，装饰性好，布置灵活，占用空间少，光线柔和等特点。但照明空间有一定的局限性，一般需要和其他形式的灯具配合使用。通常用在走廊、卧室床头、客厅等房间。

表 8-2-1　壁灯灯具光照方向

光照方向	照明特点	图片展示
上照明式	光线不直接照向室内物体，制造柔和的照明氛围	

光照方向	照明特点	图片展示
下照明式	照明方向向下，既可用来照亮空间，也可作为局部照明，制造凸显、强调效果	
上下照明式	照明方向上下皆有，既可用来照亮空间，也可起到装饰效果	
扩散式	可四周发出光线，不仅具有照明功能，而且起到很强的装饰作用	

壁灯作为室内照明灯具的一种，主要用于装饰、局部和重点照明。根据不同的分类标准，壁灯可以分为多种类型。其中根据安装方式不同，壁灯可以分为嵌入式和悬挂式两种。

一、嵌入式壁灯

嵌入式壁灯需要与墙面配合安装，隐藏在墙体内，外观简洁，不占用空间，且不会对室内装饰造成影响。这种灯具的光线均匀，不会产生眩光，且具有节能、寿命长的特点。适用于客厅、卧室、走廊等需要大面积照明的场所，同时也可以作为背景光源使用，营造出舒适、浪漫的氛围。

1. 嵌入式石膏灯

石膏灯的灯体由70%的石膏粉制成，因其材质看起来与墙面腻子没有差别，所以视觉上给人见光不见灯的错觉（图8-2-1）。其种类多，"颜值"高，可以与墙面完美融合，且形状丰富，使空间增加了造型变化，开灯后，氛围感强，丰富了空间层次。

石膏灯可安装在顶面、墙面上，但安装在墙面上更为普遍。安装石膏灯需前期选好灯具并预留开孔，再装入灯具，表面刮上腻子、墙面漆。一般石膏灯灯体和光源本身可分开，能自由拆卸，后期维修维护简单。

墙面石膏灯可适合多种场所，如客厅、卧室、餐厅、书房等，既可以为空间增添温馨的氛围，也可以作为辅助照明，但需避免被水淋湿。

图 8-2-1　嵌入式石膏灯

2. 嵌入式灯带

嵌入式灯带是指将LED灯带通过型材或开槽的形式嵌入墙面，使灯带主体部分隐藏，以达到见光不见灯的效果（图8-2-2）。这种灯带主要用于照明和装饰，可以增加空间感和层次感，营造出独特的氛围，安装时一般会将灯带从墙面连接到顶棚或地面。

嵌入式灯带通常采用预埋款或批灰款型材进行安装。预埋款需要在设计阶段就考虑灯带的位置和尺寸，将型材预埋在墙体内，然后贴上光源和亚克力盖板。批灰款则是在墙面粉刷前，按照型材的尺寸在墙面上预留位置，待墙面干燥后，将型材嵌入并固定，再贴上光源即可。

图 8-2-2　嵌入式灯带

预埋款适合长期使用的固定照明，如家居；而批灰款更适合需要进行个性化设计，随时会调整灯带位置的场所，如酒吧、KTV等。

3. 地脚灯

地脚灯又称入墙灯，一般在室内安装时距地30～40cm较为合适，特定场合除外。地脚灯可采用节能灯、白炽灯、LED灯等作为照明光源，其光线柔和且颜色多变，非常适合走廊、楼梯、卫生间、医院等场所供人夜间少量活动使用。

地脚灯材质一般为铸铝、钢化玻璃，分常亮式和感应式两种（图8-2-3）。

图 8-2-3　地脚灯

二、悬挂式壁灯

悬挂式壁灯是一种通过挂件或螺栓固定在墙面上从而实现照明效果的灯具，具有装饰和照明的双重功能。这种灯具设计简洁，安装方便，且可以根据墙面大小和形状进行定制，具有较强的装饰效果。

悬挂式壁灯的安装高度没有固定标准，一般由房间的高度、灯具功率、灯具类型以及人眼高度等因素来确定，以避免灯光直接照射人眼，造成不适。根据空间使用功能不同，建议将悬挂式壁灯安装在距离地面 1.4 ～ 2.6m 处，这样可以让灯光充分照射到墙壁和地面的同时，也不会对人眼造成刺激。

悬挂式壁灯的灯罩材质以塑料、玻璃居多（表 8-2-2），也有水晶、铁、木材、布等材质。而灯身材质有铁、铜、塑料、木等。不同材质会呈现出不同的视觉效果，满足不同的装饰需求。

表 8-2-2　灯罩材质

灯罩材质	特点	图片展示
塑料灯	塑料灯具外观轻巧、价格实惠，且不易变形，耐腐蚀。灯具通常采用低电压供电，使用安全可靠	
玻璃灯	玻璃灯具外观高雅、美观，且具有较好的透光性和耐热性。灯具可以定制多种颜色和图案	

根据灯光颜色不同，壁灯还可以分为暖光和冷光两种。暖光柔和舒适，适合家庭用做氛围灯、装饰灯使用；而冷光则明亮刺眼，可当作照明灯，适用于需要高亮度的场所。在使用过程中通常可以通过调节壁灯的亮度和颜色，突出家中的重点装饰物或某个特定区域，增强其视觉效果，使用柔和的暖光作为重点照明；也可将灯光集中到如阅读、化妆等需要较高亮度的地方，使用明亮的冷白光作为基础照明；还可以在某些灯可能无法完全覆盖的地方，通过安装壁灯来弥补照明不足的问题作为辅助照明，增强主灯的光照效果，同时还能够营造出温馨、浪漫、高雅的氛围，让家居环境更加舒适宜人。悬挂式壁灯适合在客厅、卧室、餐厅、书房、走廊和楼梯间以及酒吧、美术馆等场所使用。

1. 新中式灯具

新中式灯具在设计上简洁大方，将现代元素与传统元素结合在一起，在传统审美的基础上更加注重实用性和舒适性。特别强调光影效果，通过灯光的变化营造出不同的氛围和意境。

新中式灯具强调对称性和秩序感，注重空间的层次和深度。以传统文化元素花鸟、山水、书法等为灵感，搭配金、黑、棕等颜色，诠释装饰性和文化内涵。

在材质的使用上常采用天然材料，如木材、铜、陶瓷、布料等，强调自然、淳朴及环保（图 8-2-4）。

图 8-2-4　新中式壁灯

2. 踢脚线灯

踢脚线灯是一种安装在踢脚线位置的灯具，主要用作装饰氛围灯，其照明亮度不高。光源常采用节能、环保、寿命长的 LED 灯。

根据出光方向的不同，踢脚线灯可分为向上出光、向下出光以及侧面出光三种。向上出光会形成由下至上的洗墙效果，向下出光及侧面出光会将踢脚线下方的区域照亮（图 8-2-5）。踢脚线灯根据安装方式不同可分为明装式、预埋式和批灰式。安装时需根据实际情况进行调整，确保光线均匀、舒适。

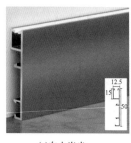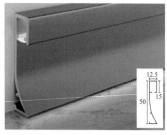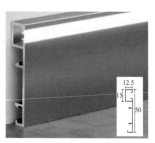

(a)向上出光　　　　　　(b)向下出光　　　　　　(c)侧面出光

图 8-2-5　踢脚线灯（单位：mm）

踢脚线灯具有装饰性强、光线柔和等特点，适合应用在卧室、客厅、餐厅、走廊等场所（图8-2-6）。

图8-2-6 踢脚线灯效果

问题思考

① 墙面照明灯具按安装方式划分有哪些？

② 墙面照明灯具常用材料有哪些？

任务单

任务单见表8-2-3。

表8-2-3 任务单

任务单			
任务名称		小组编号	
日期		课节	
组长		副组长	
其他成员			
任务讨论与方案说明			
方案实施与选材要点			
存在问题与解决措施			
选材方案展示			
任务评价（评分）：			
任务完成情况分析			
优点：		不足：	

笔记

家具
与室内
装饰
材料

项目九

装饰五金

装饰五金的历史可以追溯到古代，当时人们已经开始使用金属制品进行家居装饰，随着工业革命的发展，装饰五金的材质和工艺都得到了极大的提升。到了现代，装饰五金已经成为家居装修中不可或缺的一部分，其设计和品质也越来越被人们重视。

从传统的古典风格到现代的简约风格，装饰五金的设计和风格受到不同时代审美和文化的影响。随着各种艺术和时尚潮流的融合，其外观在不断演变，以满足人们对于审美和个性化的需求。

装饰五金从传统的金属材料如铜、铁、不锈钢，到现代的合金、塑料等，材料的选择越来越多样化。同时，制造工艺的发展和提升也使装饰五金变得更加精美、耐用，特别是智能化元素的融入，大大提高了人们的生活品质。

装饰五金的发展是一个不断创新和适应市场需求的过程。随着科技的不断进步和环保意识的增强，装饰五金将继续在个性化、智能化和可持续性等方面不断发展，在保证实用性的同时，为人们的生活增添更多的美感。

任务一

拉手

> **任务布置**

为以下四个不同室内空间（图 9-1-1 ～图 9-1-4）选择恰当的拉手，综合考虑使用场所、整体风格、材质、家具尺寸和拉手比例、功能性需求等因素，确定最终方案，完成任务。

图 9-1-1　整体衣柜

图 9-1-2　洗手盆柜

图 9-1-3 整体橱柜

图 9-1-4 玄关柜

任务目标

知识目标：

① 掌握拉手常见的分类方式；

② 掌握拉手常用材料；

③ 了解中国传统拉手的特点。

能力目标：能为不同风格的门、窗、柜、抽屉等选择合适的拉手。

素质目标：

① 培养学生团队合作意识；

② 提升学生对传统文化的理解；

③ 提升学生的人文素养。

任务指导

拉手是用来启闭抽屉、柜门等构件的工具，是家居装修中常用的配件，对提高家居的美观度和实用性非常重要。拉手的分类方式有很多种，常见的有按材质分类、按安装方式分类、按形态分类等。不同类型的拉手具有不同的特点和用途。

一、拉手分类

1.按材质分类

拉手按材质分类有金属、塑料、木质、玻璃、陶瓷、亚克力等（表 9-1-1），其中金属拉手常用的材质有不锈钢、锌合金、铝合金、铜等。相比较而言，铝合金比锌合金要更加轻便，但在硬度及耐腐蚀性方面，锌合金要优于铝合金。

表 9-1-1　按拉手材质分类

材质		特点	用途	图片展示
金属	不锈钢	不生锈、表面光亮、耐腐蚀、耐磨损，适合在潮湿的环境中使用	适合作为厨房、卫浴柜子拉手	
	铝合金	表面处理方式多样，如电镀、喷涂、烤漆等，具有很好的装饰性	适合作为室内门、窗、柜等产品的拉手	
	铜	具有很好的耐腐蚀性和装饰性	适合作为高档住宅、酒店、餐厅等场所的门、柜等拉手使用；特别适用于中式风格家居中	
塑料		价格便宜、色彩丰富、质地轻盈，但不耐磨损和腐蚀	适合作为家具、电器等产品的拉手	
木质		具有天然质感和纹理，给人温馨、自然之感	适合作为抽屉、衣柜等的拉手	
玻璃		透明、光亮，给人清新的感觉	适合作为橱柜、展示柜等的拉手	

材质	特点	用途	图片展示
陶瓷	高雅、精致，给人高贵的感觉	适合作为卫生间、厨房等处的橱柜拉手	
亚克力	透明、轻便	适合作为家具、展示架等的拉手	

2. 按安装方式分类

拉手按安装方式分类，分为明装拉手和暗装拉手两种。明装拉手（图 9-1-5）是指直接将拉手安装在门板或抽屉面板上，不需要在门板或抽屉上开槽，安装方便。暗装拉手（图 9-1-6）又称嵌入式隐形拉手，是指在门板或抽屉面板上开槽，将拉手安装在槽内，美观性较好，但安装相对复杂。

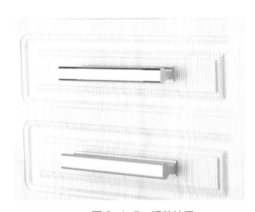

图 9-1-5　明装拉手

图 9-1-6　暗装拉手

3. 按形态分类

拉手按形态分类可分为直线型拉手、曲线型拉手、圆形单孔拉手、特殊型拉手等（表 9-1-2）。

表 9-1-2　按拉手形态分类

拉手形态	特点	图片展示
直线型拉手	形态简单，适合在简洁的空间中使用	
曲线型拉手	形态优美，适合在浪漫、柔和的空间中使用	
圆形单孔拉手	形态近似纽扣，适合在简约的空间中使用	
特殊型拉手	形态奇特，适合在个性化的空间中使用	

二、拉手选用

　　在选用拉手时首先需要确定使用场所，综合考虑拉手的使用频率，拉手使用时是否会经常接触到水、油等物质，以及是否需要防滑、抗菌等特殊功能，初步确定拉手可用材质的范围；其次需考虑场所的整体装饰风格，确保拉手与周围环境协调一致。如在简约风格的家具中，适合选用细长的拉手，以符合简洁的设计风格；最后还要确保拉手的宽度、高度和形态与门窗、柜等产品的整体比例相协调。除了需提供足够的抓握面积外，还要考虑拉手在家具上的位置和分布，使其在视觉上保持平衡。

除上述选用要求外，也要注意拉手的质量、预算和安装方式，以确保使用的安全性和便利性，当然最终的选择也要考虑个人的审美喜好。

 拓展学习

明清家具的铜饰件

明清家具在中国家具发展史中占有举足轻重的地位。有着深厚的文化底蕴。铜饰件是明清家具上常见的配件，主要有面叶、合页、拍子、套脚、包角、吊牌、提手等。这些配件在明清家具上常采用铜制成，不仅具有较强的实用性，而且因铜表面光滑平整，与木材在色泽、体量上形成强烈对比，还发挥了良好的装饰作用。目前依然在中式古典风格和新中式风格中被广泛使用。

（1）面叶

面叶是用钮头和屈曲穿结固定在家具表面的铜片。有素光的，也有凿刻和镂有花饰的，既能保护木质部分，又能将分散的饰件组织联系起来，具有鲜明的装饰效果。其中长方形面叶又称"面条"（图9-1-7）。

（2）拍子

拍子是附着在半面叶上可开启和关合的部分，起到拉手的作用，关合时拍子上的孔眼套入屈曲可供上锁，主要用于箱子（图9-1-8）。

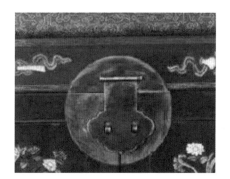

图9-1-7　面叶　　　　　　　　　图9-1-8　拍子

（3）吊牌

吊牌是由屈曲串联构成的活动拉手，旋转自如，使用方便，形式丰富多样（图9-1-9）。

（4）吊环

吊环是类似吊牌的环形拉手（图 9-1-10）。

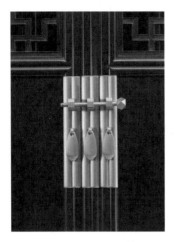

图 9-1-9　吊牌　　　　　　　　　图 9-1-10　吊环

（5）牛鼻环

牛鼻环是由铜环构成的一种拉手，因其像穿在牛鼻中的环扣而得名（图 9-1-11）。

（6）屈曲

屈曲是一根两头稍尖的扁形铜条，中间是孔眼，可将面叶、面条固定在某一位置，还可套上吊牌、吊环组成家具的拉手（图 9-1-12）。

图 9-1-11　牛鼻环　　　　　　　　图 9-1-12　屈曲

 问题思考

① 拉手按安装方式不同分为哪几种？

② 拉手常用的金属材质各自有哪些特点？

任务单见表 9-1-3。

表 9-1-3　任务单

任务单			
任务名称		小组编号	
日期		课节	
组长		副组长	
其他成员			
任务讨论与方案说明			
方案实施与选材要点			
存在问题与解决措施			
选材方案展示			
任务评价（评分）：			
任务完成情况分析			
优点：		不足：	

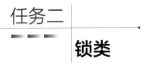

任务二

锁类

> **任务布置**

　　张女士家的装修为现代简约风格，入户门为钢质太空灰色防盗门，卧室门为白色木质门，阳台门为太空灰色金属框玻璃推拉门，卫生间门为磨砂平开玻璃门。现对各个场所进行锁具的选用，综合考虑材质、颜色、款式等，确定最后选用方案，完成任务。

>任务目标

知识目标：

① 掌握常用的锁具类型；

② 掌握锁具常用的材料种类。

能力目标：能根据不同场所选择恰当的锁具。

素质目标：

① 提升学生职业道德水平；

② 增进学生对传统文化的了解。

📖 任务指导

锁具是室内装饰中常见的装饰五金件之一，是保障人身财产安全的一道重要屏障。随着科技的发展，锁具的种类也变得越来越多样化。锁具按用途分类，可分为门锁、窗锁、抽屉锁等；按形状分类，可分为球形锁、插芯锁等；按技术分类，可分为机械锁、电子锁；按材质分类，可分为锌合金、铝合金、不锈钢、铜质等。

下面介绍几种在室内装饰中常用的锁具。

一、门锁

1. 插芯门锁

插芯门锁也叫插芯锁，由拉手、锁芯、锁体三部分组成。常采用铜、不锈钢以及铝合金材质制成，这种门锁安装在室内套装门、防盗门上居多，既能起到安全防盗作用，又能起到装饰作用，是市面上最常见的锁具之一。

其锁芯内装有多个弹珠和弹簧，当钥匙插入锁芯或旋转拉手带动锁芯转动时，弹珠受到挤压移动，使锁舌伸缩，从而打开锁芯。插芯门锁具有安全性高、耐用性好、使用方便、结构简单、易于维护等特点，能够适应不同厚度和不同材质的门扇，如木门、金属门、玻璃门等类型的门扇。

插芯门锁可以分为单舌和双舌两种类型，如表 9-2-1 所示。

表 9-2-1　插芯门锁类型

类型	特点	用途	图片展示
单舌插芯门锁	只有一个锁舌，只能锁定门扇的一侧	适用于出入频繁的商店、影院、旅馆等大门以及宾馆、办公大楼等通道的门上	

类型	特点	用途	图片展示
双舌插芯门锁	有两个锁舌，一个方锁舌和一个斜舌，可以同时锁定门扇的两侧	适用于需要更高安全性的场所，如住宅、办公室等场所	

总之，插芯门锁适用于各种需要开关门的场所，如家庭、学校、医院、工厂、商场等。特别是对于需要频繁开关的场所，插芯门锁的耐用性和稳定性能够得到很好的体现。另外，在选择插芯门锁时，锁具的等级也需要着重考虑。

2. 球形门锁

球形门锁（图9-2-1）是一款比较传统的门锁，由锁芯、锁体、把手等组成。球形门锁美观大气，安装简单，使用起来比较方便，因此应用十分广泛。

当钥匙插入球形门锁的锁芯并旋转时，钥匙的形状与锁芯上的齿轮相匹配，启动锁芯旋转。锁芯的凸起齿轮与外球上相应的齿轮相互咬合，实现门锁的锁闭。需要解锁时，再次使用钥匙插入锁芯并旋转，内球上的齿轮和外球上的齿轮解除咬合，门锁就可以被打开。此外，现代的球形门锁除了传统的钥匙开锁方式外，还可能配备有蓝牙、指纹识别等智能化开启方式。

图9-2-1　球形门锁

球形门锁的分类主要基于锁头结构和锁体结构。按锁头结构，球形门锁可分为弹子球锁和叶片球锁；按锁体结构，则可分为圆筒式球锁、三杆式球锁等。

3. 智能门锁

智能门锁是指在传统门锁的基础上，增加了智能化功能的新型门锁。目前，大多数智能门锁采用先进的加密技术和识别技术，使其安全性得到了大幅度提升。同时，部分智能门锁还支持远程监控和报警功能，为家庭安全提供了更多保障。

智能门锁按开锁方式不同，可分为指纹锁、密码锁、感应锁以及遥控锁等。指纹锁是指以人体指纹为识别载体和手段的智能门锁，具有唯一性和不可复制性。现在有些指纹锁已升级至可实现人脸识别、指静脉开锁等功能。密码锁是指通过一系列数字或符号作为密码进行开锁，部分还支持虚位密码功能，提高了使用的便捷性和安全性。感应锁是指通过感应卡片、手机等设备进行开锁，适用于需要频繁进出的场所，如酒店、办公楼等。遥控锁是指通过遥控器进行开锁，适用于需要远程控制的场所，如车库、别墅等。

　　无须携带传统钥匙，只需通过手机 App、密码、指纹、面部识别等方式即可轻松开锁，是大多数家庭选择智能门锁的原因，避免了忘带钥匙不能进门的尴尬（图 9-2-2）。此外，现在的智能门锁可以与智能家居系统连接，实现与其他智能设备的联动，如门锁开启时自动开灯、关闭窗帘等，使用起来更加便捷。

4. 磁力门锁

　　磁力门锁又称为电磁锁，是一种利用电生磁原理工作的门锁。当电流通过铁片时，磁力门锁会产生强大的吸力与铁板紧紧地吸附在一起，当门禁系统识别到人员正确后，会断开电源，使磁力门锁失去吸力，从而打开门。

　　磁力门锁可应用于木门、玻璃门（图 9-2-3）、金属门、防火门等，是高科技门禁管理系统的重要组成部分。磁力门锁具有吸力大、监控信号反馈输出、无噪声等优点。一般安装在门外的门槛顶部，安装相对方便，只需走线槽，并用螺钉固定锁体即可。

图 9-2-2　家居常用智能门锁　　　　　图 9-2-3　磁力玻璃门锁

　　根据安装环境的不同，磁力门锁可分为挂装式和嵌入式两种。根据承受拉力的不同有80kg、150kg、180kg、280kg、300kg、350kg、500kg 等多种规格，可根据不同的使用场合选择适当的规格。

二、窗锁

1. 执手式窗锁

　　执手式窗锁（图 9-2-4）是一种常见且方便的窗锁，通过旋转、拉动执手来控制窗户的开关和锁定。执手式窗锁结构相对简单，一般由执手、锁体和锁舌组成。开启方式以左右平开居多，也可下装外推开。常采用太空铝、不锈钢、锌合金等材料制成。适用于家庭、办公室等场所的平开窗。

图 9-2-4　执手式窗锁

2. 推拉式窗锁

推拉式窗锁（图 9-2-5）是专门设计用于推拉式窗户的锁具。通常安装在推拉式窗户的边框上，通过锁紧窗户的滑轨或者在窗框上插入锁来控制窗户的开关和锁定。推拉式窗锁提供了较高的安全性和防撬性能，适用于各种推拉式窗户。常采用太空铝、不锈钢、锌合金等材料制成。

图 9-2-5　推拉式窗锁

三、抽屉锁

抽屉锁是一种用于保护抽屉或柜子内物品安全的锁具，既可以保证隐私安全，又能起到装饰作用。抽屉锁按使用方式可分为手动、自动两种；按锁芯类型可分为弹子抽屉锁、叶片抽屉锁、磁吸抽屉锁等；按安装方式可分为明装式和暗装式两种；按锁具安装位置可分为正面锁和侧面锁。抽屉锁常用类型如表 9-2-2 所示。

表 9-2-2　抽屉锁常用类型

类型	特点	图片展示
弹子抽屉锁	最常见的一种抽屉锁具，通过弹子的匹配来实现开锁和上锁。其结构简单，价格相对较低，适合一般的抽屉使用	
叶片抽屉锁	工作原理与弹子抽屉锁类似，但安全性更高。叶片的形状和排列方式更加复杂	
密码抽屉锁	不需要使用钥匙，可通过输入正确的密码来开锁。具有较高的安全性和便利性，常用于需要保护重要物品的抽屉	
指纹抽屉锁	采用指纹识别技术，只有授权的指纹才能打开锁具。提供了更高的安全性和便捷性，但价格相对较高	
磁吸抽屉锁	利用磁吸原理来锁定和解锁，通常使用磁性钥匙或电磁感应来操作。这种锁具操作简单，适用于一些特定场合	 抽屉合上自动上锁　蘑菇头贴合即开锁
连杆抽屉锁	通过连杆机构来实现锁定和解锁，可以同时锁定多个抽屉，提供了一定的联动性和安全性	

　　锁具的种类多种多样，在选用锁具时应首先考虑锁具的安全性，选择具有一定防撬、防钻、防技术开锁功能的锁具，确保能够有效地保护财产和隐私安全。另外，锁具的质量和耐

用性也非常重要，特别是有特殊安全需求的场所，要选择有防火、防水或防磁等功能的锁具。总之，在选用锁具时用户可以根据自己的习惯、喜好、使用场所、预算等综合考虑。

🧩 拓展学习

1. 中国古锁

《辞源》曰："锁，古谓之键，今谓之锁。"《辞海》解释为："必须用钥匙方能开脱的封缄器"。另外，锁还有一层意思："一种用铁环勾连而成的刑具"，引申为拘系束缚。

古锁是民间常见的日用器物见证。古锁种类繁多，有银锁、木锁、铜锁、铁锁、景泰蓝锁等，造型更是千奇百怪，常见的有圆形锁、方形锁、动物锁、人物锁等。古朴的锁具能带来无穷的魅力，造型独特的锁具展现了锁具文化的历史。

古锁大致划分出的类别有广锁、花旗锁、密码锁、丽江锁、西藏锁、刑具锁、长命锁等；按材质划分为金锁、银锁、铜锁、铁锁、木锁、景泰蓝锁。

（1）广锁

又称"绍锁""三簧锁"等，唐朝以来广泛应用于门、箱、橱、柜等，其造型简洁，开关方便，是典型的簧片构造锁具之一，种类繁多（图 9-2-6）。

图 9-2-6　广锁

（2）花旗锁

花旗锁是一个门类广泛、风格多元化的锁具品种，可用在锁箱、匣上，具有较高的观赏价值（图 9-2-7）。

图 9-2-7　花旗锁

（3）密码锁

这种锁没有钥匙，通过旋转转环拼成暗定好的汉字或数字才能打开，其造型、工艺颇为讲究，一般在古代大户人家或读书人家使用较多（图 9-2-8）。

图 9-2-8　密码锁

2. 现代简约风格特点

（查找相关资料自学。）

问题思考

① 住宅型室内装饰中插芯门锁经常被应用在什么地方？

② 查找相关资料，了解浴室、通道常用门锁的类型。

任务单

任务单见表 9-2-3。

表 9-2-3　任务单

任务单			
任务名称		小组编号	
日期		课节	
组长		副组长	
其他成员			
任务讨论与方案说明			
方案实施与选材要点			
存在问题与解决措施			
选材方案展示			
任务评价（评分）：			
任务完成情况分析			
优点：		不足：	

任务三

紧固件

> **任务布置**

以 3 ～ 4 人为一组，设计一个简单的木质书架，并选用合适的紧固件进行组装，要求先用卷尺和铅笔在木板上标记出需要打孔的位置，再进行打孔和紧固操作。

> **任务目标**

知识目标：

① 掌握常用紧固件的类型；

② 了解常用紧固件在家具及住宅型室内装饰中的使用。

能力目标：能依据不同用途选用合适的紧固件。

素质目标：

① 提升学生职业道德水平；

② 增加学生团队合作能力。

📖 任务指导

紧固件是用于连接、固定各类家具、建筑结构或装饰品的五金零件。其使用范围广泛，具有品类规格繁多、性能用途各异、标准化、通用化、系列化程度高等特点。

一、钉类

钉类可以将两个以上零件或部件紧密地连接在一起，使之不产生相对运动，并保持一定连接强度。常见的钉类有直钉、螺钉、铆钉等。

1.直钉

直钉（图 9-3-1）是工作表面没有任何螺纹的直型钉类，被广泛应用在建筑、木工、家装等领域，包括圆钉和其他直钉。其中，圆钉包括普通圆钉、骑马钉、气钉、平头钉、无头钉、拼板钉、麻花钉等，其他直钉有泡钉等。有些直钉可以用手工锤子直接操作，而有些则需用钉枪工具，如气钉。

2.螺钉

螺钉是一种常见的紧固件，利用物体的斜面圆形旋转和摩擦力，循序渐进地紧固器物机件。螺钉主要用螺丝刀或扳手转动或旋紧，通常与螺母配合使用。常见的螺钉包括木螺钉、开槽普通螺钉、自攻螺钉、内六角及内六角花形螺钉、十字槽普通螺钉等。

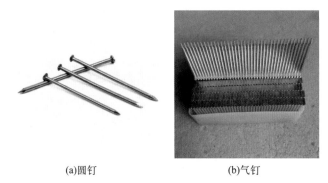

(a)圆钉   (b)气钉

图 9-3-1 直钉

（1）木螺钉

木螺钉（图 9-3-2）又称木牙螺钉，表面制有较宽和较深的螺纹，与其他钉子相比，更容易与木材结合，且紧固力远远超于直钉，具有反复拆卸性能。螺钉头部一般由各种形状的钉头和钉槽组成，杆身有通身和半身螺纹。具体还可分为沉头木螺钉、半沉头木螺钉、半圆头木螺钉。

图 9-3-2 木螺钉   图 9-3-3 开槽大圆柱头螺钉

（2）开槽普通螺钉

多用于较小零件的连接。盘头螺钉和圆柱头螺钉的钉头强度较高，适用于普通部件的连接；半沉头螺钉的头部呈弧形，安装后顶端略外露，美观光滑，适用于仪器或精密机械；沉头螺钉则用于不允许钉头露出的地方。开槽大圆柱头螺钉如图 9-3-3 所示。

（3）自攻螺钉

自攻螺钉是十字槽普通螺钉，与开槽普通螺钉的使用功能相似，可互相代换，但十字槽普通螺钉的槽形强度较高，不易拧秃，外形美观。使用时需采用与之配套的旋具进行装卸。自攻螺钉的螺纹深，硬度高，能更好地结合两个金属部分。常用于连接和固定多金属构件，如铝合金门窗、轻钢龙骨石膏板连接。十字圆头自攻螺钉如图 9-3-4 所示。

（4）内六角及内六角花形螺钉

这类螺钉的头部能埋入构件中，可施加较大的扭矩，连接强度较高，可代替六角螺栓。

常用于结构要求紧凑，外观平滑的连接处。内六角螺钉如图 9-3-5 所示。

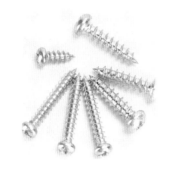 

图 9-3-4　十字圆头自攻螺钉　　　　　图 9-3-5　内六角螺钉

3. 铆钉

铆钉主要用于受动荷载作用的结构、不同金属间的连接以及焊接性能差的金属连接中。铆钉结合具有施工方便、噪声小、效率高等特点。在铝合金工程的连接中，异型铆钉较为常用。它的品种有开口型抽芯铆钉、封闭型铆钉、双鼓型抽芯铆钉、沟槽型抽芯铆钉、环槽铆钉和击芯铆钉等。使用铆钉时要配合拉铆枪工具。抽芯铆钉如图 9-3-6 所示。

4. 水泥钉

水泥钉（图 9-3-7）又称为钢钉，通常由碳素钢制成。其粗而短、坚硬、抗弯，可直接钉入低标号的混凝土和砖墙上。水泥钉与普通钉子不同，属于专用钉子的一种。

图 9-3-6　抽芯铆钉　　　　　　　图 9-3-7　水泥钉

二、螺栓

螺栓是将具有螺纹的一端与螺母配合起来使用的一种紧固件。螺栓的材料可以选择碳钢、不锈钢、黄铜等，它的品种有六角头螺栓、圆柱头螺栓、膨胀螺栓、地脚螺栓、U 形螺栓等。

三、螺柱

螺柱（图9-3-8）的两端都带有螺纹，一般用于连接件较厚，不便使用螺栓连接之处，或因拆卸频繁而不宜用螺钉连接的地方，或用在结构要求比较紧凑的地方。螺柱有双头螺柱和等头螺柱两类。

图 9-3-8 螺柱

四、膨胀螺栓

膨胀螺栓（图9-3-9）是用在地板、天花或墙体等坚硬基层上固定各种较重构件的紧固件。金属膨胀螺栓由螺杆、膨胀管、螺母和垫片组成，使用时在基层预先打孔，孔的深度最好比膨胀管长5mm左右，然后将膨胀管放入孔内，再将螺杆拧入膨胀管中，使其顶端略微分开膨胀，螺栓尾部的锥体将膨胀管进一步胀粗，直至与墙体预埋孔紧密结合。在墙口外露的螺栓带螺纹部分可连接和固定其他设备。金属膨胀螺栓能够承受很大荷载，适用于锚固各种管道支架、机床设备、家具吊柜等。

塑料膨胀螺栓是用聚乙烯、聚丙烯等塑料制成的轻型锚固件。它利用塑料的变形性，使其在墙体上的预先钻孔中膨胀锚固。塑料膨胀螺栓通常由塑料外壳和金属芯组成，其重量轻、价格低，承载能力低于金属膨胀螺栓，一般用于各种轻型结构构件的固定。

(a)金属膨胀螺栓　　　　(b)塑料膨胀螺栓

图 9-3-9 膨胀螺栓

✲拓展学习

① 膨胀螺栓的使用原理。
② 实木家具和板式家具中常用的紧固件。

✐问题思考

① 螺钉有哪些类型？

② 查找资料，了解膨胀螺栓在室内装饰中的使用情况。

 任务单

任务单见表 9-3-1。

表 9-3-1 任务单

任务单			
任务名称		小组编号	
日期		课节	
组长		副组长	
其他成员			
任务讨论与方案说明			
方案实施与选材要点			
存在问题与解决措施			
选材方案展示			
任务评价（评分）：			
任务完成情况分析			
优点：		不足：	

实木家具常用树种

1. 橡木

橡木又称麻标，心材呈黄褐至红褐色，生长轮明显，形状呈波纹形，质地坚硬，广泛分布于我国吉林、辽宁、海南、云南等地。橡木家具山峰纹较明显，视觉冲击力较强，触摸有质感，档次较高，常用于家具的制作。但是，橡木的干燥较为困难，干燥过程中易出现开裂、变形等缺陷。此外，由于干燥困难，橡木的干燥往往比较保守，致使最终含水率较高，后续使用过程中，常常出现开裂的问题。

2. 胡桃木

胡桃木是优质的实木家具材料，主要产地是北美洲和欧洲。黑胡桃木呈浅黑褐色，略带紫色，弦切面呈大山纹，价格昂贵，常制备成饰面板，贴附在胶合板、密度板等人造板的表面，既能遮盖人造板的瑕疵，又能极大限度地节约木材资源。

3. 樱桃木

樱桃木是优质的实木家具材料，主要产地是欧洲和北美洲。樱桃木呈浅黄褐色，弦切面为中等山峰纹，并掺杂小纹理。樱桃木和胡桃木都属于高档木材，常制备成饰面板，很少直接制作成实木家具。

4. 枫木

枫木属温带木材，主要产于长江流域以南直至中国台湾以及美国东部。枫木呈灰褐至灰红色，生长轮不明显，管孔多而小，分布均匀。枫木纹理交错，结构细而均匀，质轻较硬，花纹图案优雅。枫木具有优异的加工性能，切面光滑度较差，干燥易翘曲，涂装性能较佳。

5. 榆木

榆木主要产于温带，遍及我国北方各地，尤其是黄河流域。榆木树皮呈灰色，环孔材，心边材区分较明显，边材窄，呈暗黄色，心材呈暗紫灰色，生长轮明显，早晚材急变，早材管孔大，晚材管孔略小，木射线较细，径切面可见射线斑。榆木质地坚硬，纹理通直，力学性能优异，加工性能较好，可进行透雕、浮雕等造型加工，光滑度较佳。榆木主要用于雕漆工艺品、仿明清家具等。

6. 黄波罗

黄波罗主要产于我国东北和华北地区。黄波罗树皮呈灰褐色至黑灰色，内皮呈鲜黄色，环孔材，花纹明显，心材和边材区别明显，边材较窄，心材呈灰褐色或绿褐色，生长轮明显，纹理直，结构粗，质轻，加工性能优异。黄波罗主要用于实木门、楼梯、仿古家具等方面。

7. 核桃楸

核桃楸主要产于我国东北、华北和西北地区。核桃楸树皮呈灰色，半环孔材，心材和边材区别明显，边材较窄呈浅黄褐色，心材呈灰褐色，生长轮明显，纹理直，结构略粗，加工性能优异。核桃楸主要用于高档优质实木家具。

8. 杨木

杨木主要产于我国华中、华北、西北、东北等地区。杨木树皮呈灰绿色或灰白色，散孔材，心材和边材区别不明显，通体呈黄白色，纹理斜，材质细腻，价格合理。杨木常用于家具的辅料、古家具的胎骨等方面。

9. 云杉

云杉主要产于华北山区和东北小兴安岭地区。杨木树皮为淡灰褐色，有正常树脂道，心材和边材区别不明显，通体呈浅黄褐色至黄白色，有松脂气味，生长轮明显，木射线细，纹理直，材质细腻，力学性能良好，加工性能优异。云杉广泛用于家具和室内装饰领域。

10. 柳杉

柳杉主要产于广东、广西、云南、贵州、四川等地区。柳杉树皮为红棕色，无正常树脂道，心材和边材区别明显，心材呈红褐色，边材呈浅黄褐色，生长轮明显呈波浪状，木射线细，材质松软，纹理直，结构适中，加工性能优异。柳杉主要用于建筑、造纸、家具等方面。

红木家具材料

"红木"是中国人针对某类特定的木材而约定的名称。可称为红木的木材必须具备以下三方面条件。

(1) 树种

五属八类。五属：紫檀、黄檀、柿属、崖豆、铁刀木。八类：紫檀木、花梨木、香枝木、黑酸枝木、红酸枝木、乌木、条纹乌木和鸡翅。

(2) 结构

木材结构甚为致密，平均导管弦向直径也有严格的要求，如紫檀木的平均导管弦向直径不大于 160μm；花梨木、黑酸枝木、红酸枝木、鸡翅木的平均导管弦向直径不大于 200μm；乌木、条纹乌木的平均导管弦向直径不大于 150μm。

(3) 密度

紫檀木的气干密度大于 $1.00g/cm^3$；花梨木的气干密度等于或大于 $0.76g/cm^3$；黑酸枝木、红酸枝木、乌木、条纹乌木的气干密度等于或大于 $0.85g/cm^3$；鸡翅木的气干密度等于或大于 $0.85g/cm^3$。

1. 常见红木种类

(1) 紫檀

紫檀产于印度、越南、泰国、缅甸及南洋群岛。紫檀木是一种被公认为中国古典家具中最珍贵的木材，在我国另一种俗名叫"青龙木"，为常绿亚乔木，树高五六丈（1 丈 =3.33m）。叶为复叶，花碟形，果实有翼，木质坚硬，入水即沉，因色紫，亦称紫檀。紫檀木心材为红至紫红色，久则转为深紫色或黑紫色，木材结构细至甚细，甚重硬，沉于水，波痕可见或不明显。香气无或很微弱，有光泽，具特殊香气，纹理交错，结构致密，耐腐、耐久性强。材质硬重，细腻。紫檀分为金星紫檀、牛毛紫檀、花梨紫檀等。

(2) 花梨木

花梨木产于印度、泰国、缅甸、越南、柬埔寨、老挝、菲律宾、印度尼西亚、安哥拉、巴西等国家，我国海南、云南及两广地区也有引种栽培。花梨木（紫檀类）别名新花梨、香红木等。花梨木边材呈黄白色至灰褐色，心材呈浅黄褐色、橙褐色、红褐色、紫红色到紫褐色。花梨木材色较均匀，可见深色条纹。花梨木有光泽，具清香气。花梨木纹理交错、结构细腻均匀，材质较硬，强度较高，通常浮于水。

(3) 香枝木

香枝木产于海南岛低海拔的平原或丘陵地区，现广东和广西也有栽培。香枝木边材呈浅黄褐色，心材呈红褐色至紫红褐色，心材和边材区别明显，生长轮较明显，径切面斑纹较明显，弦切面呈波纹状，光泽度好，具辛辣气味，结构细且均匀，材质硬，强度高。

（4）酸枝木

酸枝木分为黑酸枝、红酸枝和白酸枝，加工时常散发醋的酸味，故称为酸枝。白酸枝产于缅甸，相比于红酸枝，红色较浅，油性较小。黑酸枝颜色由紫红色至紫褐色或紫黑色，木质坚硬，抛光效果好。与紫檀木极接近，常被人们误认为是紫檀。红酸枝纹理较黑酸枝更为明显，纹理顺直，颜色大多为枣红色。白酸枝颜色较红酸枝颜色要浅得多，接近草花梨。

（5）鸡翅木

鸡翅木分布于全球亚热带地区，主要产于东南亚和南美洲。鸡翅木即"鸿鹏木"，又写作"杞梓木"，是木材心材的弦切面上有鸡翅（"V"字形）花纹的一类红木。纹理交错、不清晰，颜色突兀，木材本无香气，生长年轮不明显。

（6）乌木

乌木材质坚硬，多呈褐黑色、黑红色、黄金色、黄褐色。切面光滑，木纹细腻，可打磨成镜面光亮的效果。乌木不褪色、不腐朽、不生虫，是制作艺术品、仿古家具的理想之材。乌木的种类有麻柳树、青冈树、香樟树、楠木、红格木、红豆杉、马桑、黄柳木、黄柏、槐木、檀木等。

2. 相关红木的剖面图

（1）卢氏黑黄檀

豆科，蝶形花亚科，黄檀属，黑酸枝木类，产于非洲马达加斯加。心材初期为橘红色，久后变为深紫色，带黑色纹，有酸香气，密度为 0.95g/cm^3。

（2）东非黑黄檀

俗称紫光檀，蝶形花亚科，黄檀属，黑酸枝木类，产于非洲东部。心材呈黑褐色，常带黑色条纹，质地重而硬，气干密度 $1.25 \sim 1.33\text{g/cm}^3$。

（3）越南香枝木

黑黄檀，豆科，蝶形花亚科，黄檀属，香枝木类，产于亚热带地区。心材呈红褐色或深红褐色，常带深色条纹，有辛辣香气，气干密度大于 0.8g/cm³。

（4）黄花梨

豆科，蝶形花亚科，黄檀属，香枝木类，产于中国海南吊罗山、尖峰岭低海拔（100m）丘陵或平原。心材呈红褐色至紫红褐色，久变暗色，常带黑色条纹，具辛辣香气，气干密度 0.93～0.97g/cm³。

（5）缅甸花梨

豆科，蝶形花亚科，紫檀属，花梨木类，产于中南半岛。心材呈橘红色、砖红色或紫红色，常带深色条纹，木屑水浸出液呈黄褐色，有荧光现象，香气浓郁，结构细腻，纹理交错。气干密度 0.8～0.86g/cm³。

（6）丁纹鸡翅木

豆科，蝶形花亚科，鸡翅木类，白花崖豆木，产于东南亚。心材呈暗红褐色或紫褐色，常带黑色条纹，弦切面花纹似鸡翅之羽，气干密度 $1.02g/cm^3$。

（7）非洲鸡翅木

豆科，蝶形花亚科，崖豆属，鸡翅木类，产于非洲刚果。心材呈黑褐色，常带黑色条纹，纹理通直，气干密度 $0.80g/cm^3$。

（8）牛毛纹紫檀

豆科，蝶形花亚科，紫檀属，紫檀木类，产于印度南部，心材呈鲜红色或橘红色，久露空气中变为紫红褐色，常见紫褐色条纹，气干密度 $1.05 \sim 1.26g/cm^3$。

（9）鸡翅木

豆科，苏木亚科，铁刀木属，产于亚洲热带地区。心材呈棕黑相间色，弦切面花纹似鸡翅之羽。

（10）老红木

豆科，蝶形花亚科，黄檀属，红酸枝木类，产于缅甸与泰国交界处，以及缅甸境内。心材呈紫红色或暗红褐色，弦切面带黄花鱼腹部鱼皮纹。

（11）红酸枝（老红木）

豆科，蝶形花亚科，黄檀属，红酸枝木类，产于中南半岛。心材新切面呈柠檬红色、红褐色至深红褐色，常带明显黑色条纹，气干密度 $1.0g/cm^3$。

（12）缅甸红酸枝

豆科，蝶形花亚科，黄檀属，红酸枝木类，产于亚洲。心材新切面呈紫红褐色，常带黑褐或栗褐色细条纹。

（13）越南红酸枝

豆科，蝶形花亚科，黄檀属，红酸枝木类，产于中南半岛，越南。心材新切面呈柠檬红色、红褐色至紫红褐色，常带明显黑色条纹，气干密度 $1.0g/cm^3$。

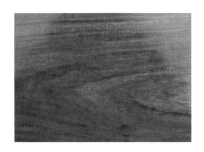

（14）花枝

豆科，蝶形花亚科，黄檀属，红酸枝木类，产于中南半岛。心材呈紫红色或暗红褐色，弦切面花纹艳丽，气干密度大于 $1.0g/cm^3$。

（15）白枝

豆科，蝶形花亚科，黄檀属，红酸枝木类，产于中南半岛。心材呈红褐色至紫红色，气干密度大于 $0.85g/cm^3$。

（16）乌木

柿树科，柿树属，乌木类，产于印度、斯里兰卡、菲律宾以及中国台湾。心材全部呈乌黑色，浅色条纹稀见，无香气，结构甚细，纹理直，略交错，气干密度 $0.85 \sim 1.17g/cm^3$。

（17）黑檀

柿树科，柿树属，乌木类，苏拉威西乌木，产于印度苏拉威西岛。心材呈黑色或栗褐色，带黑色及栗褐色条纹，结构细，纹理直至略交错，气干密度 $1.09g/cm^3$。

📖 笔记

［1］刘一星，赵广杰 . 木材学 [M]，2 版 . 北京：中国林业出版社，2010.

［2］吴智慧，徐伟 . 软体家具制造工艺 [M]. 北京：中国林业出版社，2008.

［3］周定国 . 人造板工艺学 [M]，2 版 . 北京：中国林业出版社，2011.

［4］林金国 . 室内与家具材料应用 [M]. 北京：北京大学出版社，2011.

［5］李婷，梅启毅 . 家具材料 [M，2 版 . 北京：中国林业出版社，2016.

［6］张秋慧 . 家具材料学 [M]，2 版 . 北京：中国林业出版社，2018.

［7］朱晓冬，刘玉 . 家具与室内装饰材料 [M]. 哈尔滨：东北林业大学出版社，2013.

［8］顾继友 . 胶黏剂与涂料 [M]，2 版 . 北京：中国林业出版社，2012.

［9］顾炼百 . 木材加工工艺学 [M]，2 版 . 北京：中国林业出版社，2011.

［10］张英杰 . 室内装饰材料与应用 [M]. 北京：化学工业出版社，2015.

［11］尹满新 . 木地板生产技术 [M]. 北京：中国林业出版社，2014.

［12］张建华，夏兴华 . 家具材料 [M]. 青岛：中国海洋大学出版社，2018.

［13］中国科学院中国植物志编辑委员会 . 中国植物志 [M]. 北京：科学出版社，2004.

［14］杨越浮 . 竹集成材榫接合椅子力学特性分析及优化研究 [D]. 长沙：中南林业科技大学，2023.

［15］吕从娜，惠博 . 装饰材料与施工工艺 [M]. 北京：清华大学出版社，2020.

［16］王翠凤 . 室内装饰材料设计与施工 [M]. 北京：中国电力出版社，2022.

［17］宫艺兵，赵俊学 . 室内装饰材料与施工工艺 [M]. 哈尔滨：黑龙江人民出版社，2005.

［18］东贩编辑部 . 照明设计全书 [M]. 南京：江苏凤凰科学技术出版社，2021.

［19］李婷，汪义亚 . 家具材料（英文版）[M]. 武汉：华中科技大学出版社，2023.

［20］于四维，樊丁 . 室内装饰材料与构造设计 [M]. 北京：化学工业出版社，2023.

［21］杜娟，赵旖旎 . 软体家具制造工艺 [M]. 北京：中国林业出版社，2021.

［22］费本华，黄艳辉，覃道春 . 竹材保护学 [M]. 北京：科学出版社，2022.

［23］刘一山，刘连丽，张俊苗 . 竹材制浆造纸技术 [M]. 成都：西南交通大学出版社，2023.